零基礎也 OK！
從 NLP、圖像辨識到生成模型，
現代人必修的 53 堂 AI 課

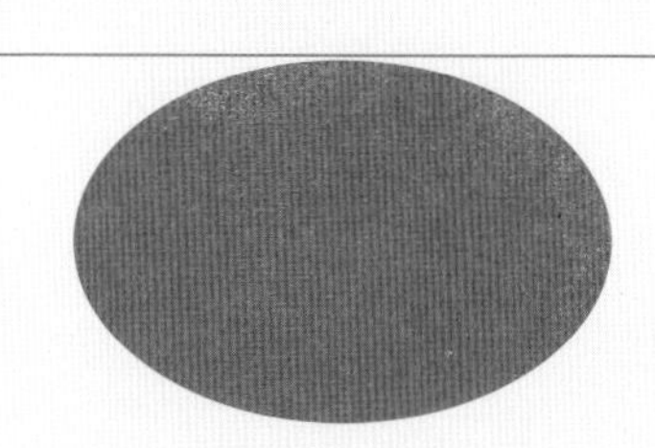

前言

2022年是個難過的一年，才剛有國家宣布新冠疫情結束，歐洲就緊接著爆發戰爭。在這動盪的世界，以數學為首的邏輯思維的重要性與日俱增。而邏輯的論據則是數據。不只是大數據，新聞報紙上的內容也必須留意真偽，檢查有無謬誤，仔細思量後再下判斷，否則便有可能做出違逆趨勢變化的決定。尤其是科學思維，不論對蔬果店還是瑜伽老師都很重要。

AI浪潮已打著數位轉型之名生根落地。但另一方面，根據我在第一線的觀察，目前仍有99%的工作沒有引進AI。而範圍擴大到全球，恐怕仍有99.99%的市場還未開拓。我認為就連馬達加斯加的漁夫，也應該引進資料科學。

在大多數的職場，人們仍習慣把資料印出來丟著、進行無用的問卷調查、只使用沒有按ID分類的統計資料。雖然擁有足以稱為大數據的資料量，POS收銀機和總公司的會計仍完全分開，並在系統公司的政治鬥爭下難以無縫整合。

儘管日本數位廳正努力改善現狀，但要做的工作仍堆積如山。在戰爭影響下，網路安全AI和防範犯罪與恐攻的AI等新興領域也隨之出現。AI的工作永無止境。

本書是一本專為有意學習AI者而寫的通識性入門書。在第1、2章，我們將介紹AI的概要，解答「AI是什麼？」這個根本性問題，屬於基礎知識篇。

在第3章，我們會介紹自然語言處理，網羅從基礎的向量空間上的語言圖譜，到最新的Transformer等大型架構。在第4章則會介紹「GAN＝生成對抗網路」。GAN源於圖像生成領域，近年也被用於生成音樂和文章（GPT），在最尖端的領域也屬於當紅技術。本章還將介紹包含實驗性質的社會應用在內的各種案例。

第5章將介紹近年發展最快速的圖像辨識領域。這領域的發展引爆點是第三波AI浪潮，在一開始就有很高辨識精度，以自動駕駛為首，許多充滿夢想的社會應用點子都已起步，存在各種不同的架構，發展出五花八門的產品。在第6章，我們將介紹資料科學中非常重要，而且在實務上經常出現的列表資料。諮詢業務和一般企業擁有的資料中最多的就是這種資料。本章將介紹最通用且可應用在眾多場景的知識技巧。

即使完全跨越新冠病毒和歐洲戰事，人類也還有氣候變遷、貧富差距、不治之症、幫助弱勢群體等許多未解的難題要面對。當然，其中有些問題更適合從社會學或哲學脈絡來解決。但是，如果輔以邏輯學和資料科學的話，無疑將有更好的證據支持，更容易成功。

大家因為興趣而做的拉麵店圖像分析和Netflix的節目評價分析等，也跟上述的項目同樣有意義。沒有什麼比找出自己的主題，並努力分析它們更有樂趣了。如果本書能成為你投入研究的契機，那就再好不過了。

得益於技術評論社的宮崎主哉先生，以及共筆的高橋海渡先生、立川裕之先生、小西功記先生、小林寛子小姐幾位出色成員幫助，本書才得以問世。誠心感謝他們。另外，我想在此一併向內人留衣和執筆期間誕生的小女晴表達感謝。

2022年11月 祈願烏克蘭與世界和平的杉並區民

合著者代表 石井大輔

目錄 Contents

第1章
什麼是AI

第2章
AI的基礎知識

第3章
自然語言處理的方法和模型

第4章

以GAN為基礎的生成模型

第5章 圖像辨識的方法和模型

第6章

列表資料的機器學習演算法

注意：購買與使用本書前請務必閱讀以下聲明。

什麼是AI

「AI」一詞包含的概念很廣，簡單來說指的是「從大量資料中找出有用模式的技術」。如今AI被應用在製造、流通、金融等各種各樣的領域。本章將介紹AI擅長與不擅長的領域、AI的發展歷史，以及電腦學習的基礎技術機器學習和深度學習。

01 AI的定義

「AI」一詞包含了很多不同的概念，沒有固定的定義。請把它理解成「從大量資料中找出模式的技術」，知道這是一項橫跨多個領域的技術就行了。

不同專家對AI有不同見解

「AI」是「Artificial Intelligence」的縮寫，中文翻譯成「人工智慧」。AI這個名詞包含了很多不同的概念，在專家之間也沒有固定的定義。其理由之一，是因為「什麼是智能」這件事很難給予明確的定義。不同專家對智能的見解各不相同，要找出一個明確的定義相當困難。

把AI當成實務或研究工具使用時，我們大致可以將AI理解成一種「**從大量資料中找出有用模式的技術**」，並會思考「何種資料派得上用場」、「可找出何種模式的AI是有用的」。

■ 不同專家對AI的定義

專家	定義
中島秀之（公立函館未來大學） 武田英明（國立情報學研究所）	人工創造且有智能的實體。或者透過創造此類實體來研究所有種類智能的領域。
西田豐明（京都大學）	「擁有智能的機器」或「擁有心智的機器」。
溝口理一郎（北陸先端科學大學院）	人工創造且具有智能表現的物體（系統）。
長尾真（京都大學）	將人類的大腦活動模擬到極致的系統。
堀浩一（東京大學）	人工創造的新智能世界。
淺田稔（大阪大學）	因為智能的定義不明確，所以無法明確定義人工智慧。
松原仁（公立函館未來大學）	跟人類毫無分別的終極人工智能。
池上高志（東京大學）	由人為方式創造，可不受限於或違反物理定律，自然地模仿人類對待寵物或他人時的情緒表現或互動的系統。

出處：松尾豐《人工智慧會超越人類嗎？》（KADOKAWA）

應用到AI的領域

AI被**應用在很多領域中**。如同前述，AI是一種可從大量資料中找出有用模式的技術，因此只要有創意，不論任何產業和領域都能想出應用方法。

下表是不同技術需求上的主要應用例。除下表外，AI也被在其他各個領域中。而依產業分類，會發現從貼近日常生活的領域到某些令人意外的領域，很多產業都有應用到AI。

■ **技術需求與各產業中的應用例**

<table>
<tr><th></th><th>圖像辨識</th><th>異常檢測</th><th>預測需求</th><th colspan="2">自然語言／語音辨識</th><th>其他</th></tr>
<tr><td>製造</td><td>判定商品是否為不良品</td><td>偵測機器故障
管理人員安全</td><td>預測出貨量</td><td rowspan="5">聊天機器人</td><td rowspan="5">部門分配</td><td>計算成分含量</td></tr>
<tr><td>流通</td><td>偵測商品是否破損</td><td></td><td>預測訂單數量
動態定價</td><td>配送路徑自動化</td></tr>
<tr><td>不動產</td><td>診斷外牆劣化
物件的照片分類</td><td>偵測設備的異常</td><td>預測價格</td><td>租賃仲介媒合</td></tr>
<tr><td rowspan="2">金融</td><td colspan="2">偵測金融卡的非法使用</td><td rowspan="2">預測匯率</td><td rowspan="2">貸款審查</td></tr>
<tr><td>讀取報表</td><td>偵測信用卡非法使用</td></tr>
<tr><td>農業</td><td>檢查病蟲害
食物的品質檢查</td><td>偵測食品的生育不良
感染病害的風險</td><td>預測收穫量</td><td colspan="2"></td><td></td></tr>
<tr><td>公共・基礎建設</td><td>診斷土木設施的劣化情形
推測罪犯</td><td>偵測設備老朽化</td><td>預測道路交通量
預測鐵路人流量</td><td colspan="2">製作會議紀錄
托兒所的入園審查</td><td>預測犯罪
預測人口</td></tr>
</table>

總結

- **AI是Artificial Intelligence的縮寫，又稱人工智慧。**
- **AI沒有固定定義，專家間的見解也存在分歧。**
- **我們可以站在「從大量資料中何種模式最有用」的角度來思考AI的應用方法。**

02 AI擅長與不擅長的領域

AI不是萬能的技術，能做的事有限。至於為什麼大家常有「AI可以做到任何事情」的印象，則可從「專用AI」和「通用AI」的概念來理解。

專用AI和通用AI

要認識「AI能做的事」有哪些限制，就必須先瞭解「**專用AI**」的概念。所謂專用AI，指的是如圖像辨識、自動駕駛、下圍棋等**只負責處理特定任務的AI**。換句話說，專用AI就是將人類工作中一部分特定的智能處理給自動化的技術。

另一方面，「**通用AI**」是不限於特定任務，**可以廣泛應對人類工作中各種智能處理的AI**。通用AI的特徵是可以跟人類一樣解決各種不同領域的問題，但現在的技術還無法實現。「AI可以做到任何事情」的印象，其實便是出於「通用AI＝現在的AI」這個誤解。在現階段，基本上只要搞懂了專用AI，在實務和研究上就不會遇到任何問題。

■ 專用AI和通用AI

	特徵	印象
專用AI	・不具人類那樣的自我意識。 ・如Watson和Alpha Go。 ・專為解決特定的問題（圖像辨識、下圍棋、解題等）而設計。	
通用AI	・具有跟人類一樣的自我意識。 ・可以解決多領域的問題。 ・目前的技術尚無法實現。	

專用AI可處理的3件事

專用AI可處理的任務分為「**識別**」、「**預測**」、「**執行**」三種。

首先是識別，也就是**辨識輸入的資料**。比如在狗的圖片上標註「狗」，在貓的圖片上標註「貓」，然後把資料送給AI學習，讓AI能夠從沒有註記的圖片中辨識出「狗」或「貓」。

其次是預測，也就是**根據輸入的資料預測未來的事件或結果**。比如根據過去的銷售成績預測下個月的營收，或是根據經濟指標預測未來的股價等等。

最後是執行，指的是**基於識別或預測的結果，採取實際行動**。比如先識別之名畫家的創作特徵，然後進行圖像生成，重現該畫家的畫風。或是讓掃地機器人預測要走哪條路線才不會遇到問題，然後自己規劃路徑並實際行走。

在主要的AI應用計畫的概念驗證（PoC：Proof of Concept）階段或立項階段，通常會思考能利用AI的辨識或預測能力做什麼。然而，有時太過注重提升識別階段或預測階段的精準度，可能會導致團隊在**沒弄清楚提升精度對商業成果有何幫助**的情況下就開始驗證產品。因此開發時應該隨時把重點放在執行階段上。

■「識別」、「預測」、「執行」在處理上的差異

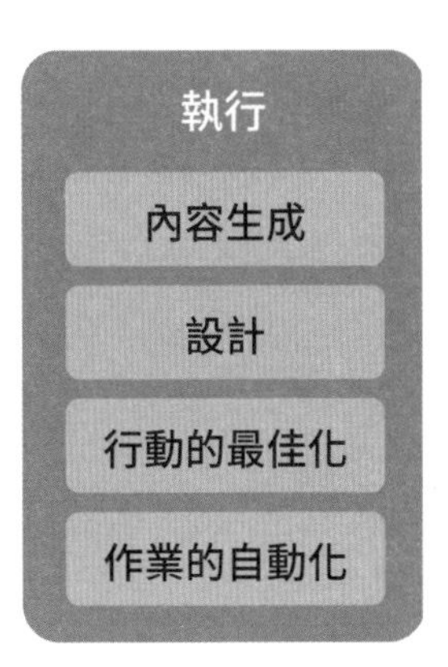

出處：參考 安宅和人《人工智慧將如何改變商業》（ダイヤモンド社）——「AI實用化的功能領域」製作

AI做得比人類更好的事

應用AI，可以做到諸如圖像辨識和預測股價等各式各樣的事情。AI比人類更擅長的事情，包含「**處理大量數據**」、「**高速運算**」、「**保持固定的作業精度**」等等。比如為數千萬份的論文進行分類（**識別**），或是根據經濟指標預測股價（**預測**），這些事情AI可以做得比人類更快更好。這種需要處理大量資料的識別和預測就是AI擅長的任務。

除此之外，AI也能長時間以高精度完成那些人類會因為疲勞而導致精度降低的工作。比如檢測工廠中不良品的工作，人類會因為檢測員的主觀判斷而出現標準不一的情況，或是因為疲勞而導致檢測精度下降。但如果改用AI，就能保持高精準度持續進行檢測。

而維持相同的作業精度處理任務就是AI擅長的事情。

■ AI比人類更擅長的事

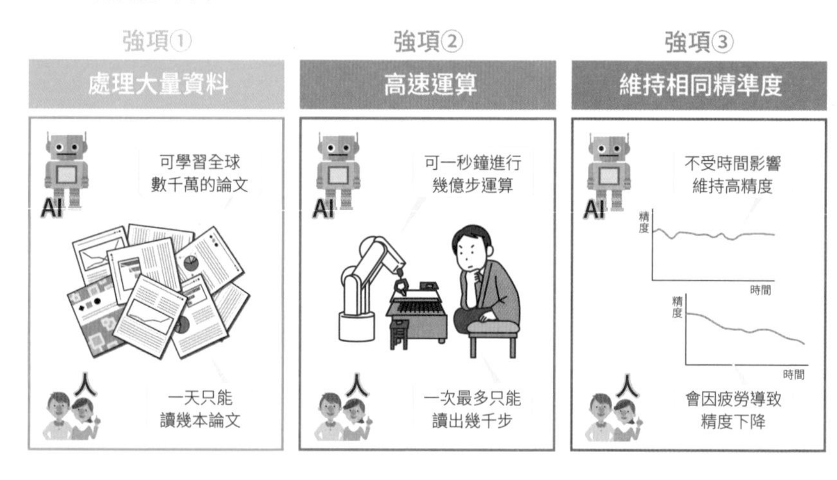

AI做得比人類差的事

另一方面，AI也有不如人類的地方，像是「**問問題**」、「**理解情感**」、「**五感的感受能力**」等。

AI可以高速且維持一定的精準度來處理大量資料，但不會思考「我為什麼要分析這些資料」。換言之，AI不擅長建立假說和問問題這種任務。

同時，AI也不擅長理解情感和感動人類。事實上，目前**人類的情感在科學上還有很多未解之謎**，因此要教會AI人類的感情也很困難。

除此之外，人類的身體還擁有很多的感測器，共同形成了一種「洞察的能力」。然而，我們很難把人類擁有的感測器全部裝到電腦上。所以AI也不擅長需要運用人類五感的工作。

■ AI比人類不擅長的事

問問題

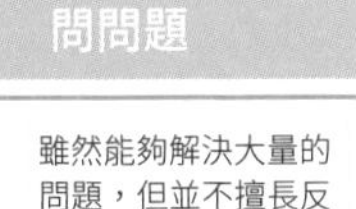

弱項②

理解情感

弱項③

要用到五感的工作

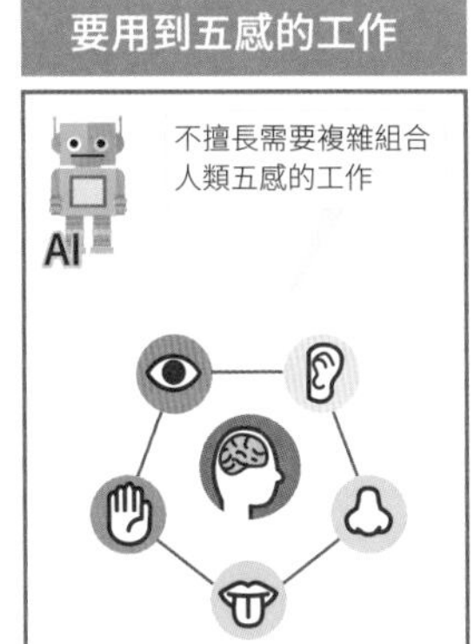

總結

- AI分為專用AI和通用AI，目前只存在專用AI。
- 專用AI可以做到「識別」、「預測」、「執行」這三類任務。
- AI擅長以高速處理大量資料，但不擅長問問題、理解情感、以及需要運用人類五感的任務。

03 AI的發展歷程

AI過去發生過三波熱潮。第一波AI浪潮在1960年代，第二波在1980年代，而第三波是2010年代。本節讓我們一起綜覽這三個時代最受關注的AI技術，認識AI的發展歷程。

經歷多次熱潮和寒冬的AI

AI在發展過程中經歷過數次「熱潮」和「寒冬」。在1950年代「人工智慧」一詞剛誕生的時候，AI還只能解決俗稱「**玩具問題**」的簡單問題。之後經過60年的時間，如今AI在圖像辨識等一部分領域中已具有超越人類的性能。

■ 正經歷第三波浪潮的AI

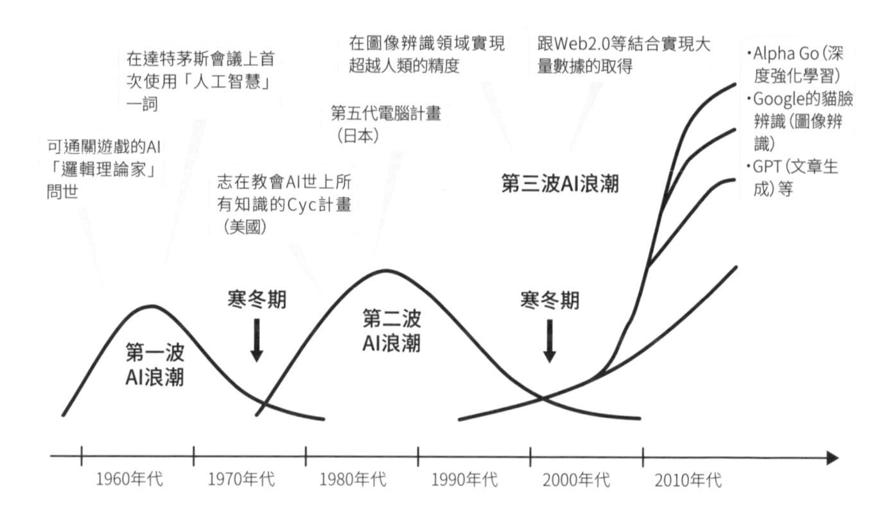

玩具問題（推論與探索的時代）

據說「人工智慧」一詞是在1956年舉辦的達特茅斯會議的研討會上誕生的，在這場研討會上，一支研究團隊發表了一個名為「**邏輯理論家**」的電腦程式。邏輯理論家是一個用來證明數學定理的AI。當時的電腦還只能做到普通的數值計算，而邏輯理論家卻能解決高等的數學問題，一口氣拉高讓人們對電腦潛力的期待。

邏輯理論家的問世引爆了第一波AI浪潮，可走迷宮的AI、會下棋的AI等各式各樣的AI紛紛被研發出來。然而，當時的AI仍**只能在有限規則下運作**，只能玩玩走迷宮和下棋等遊戲。科學家們很快發現這種AI存在「無法解決組合或狀況分歧等複雜現實問題」的限制，因此學界對AI的研究熱情到了1970年代之後急速冷卻。

人們對AI抱有極高的期待，實際動手驗證，卻發現AI不如想像中實用，導致研究熱情和應用計畫急速衰減的現象（**寒冬期**）在後來的第二波AI浪潮中也發生過。至於目前的第三波AI浪潮是否也會落得相同結果，還需要今後繼續關注。

■ 第一波AI浪潮的重點

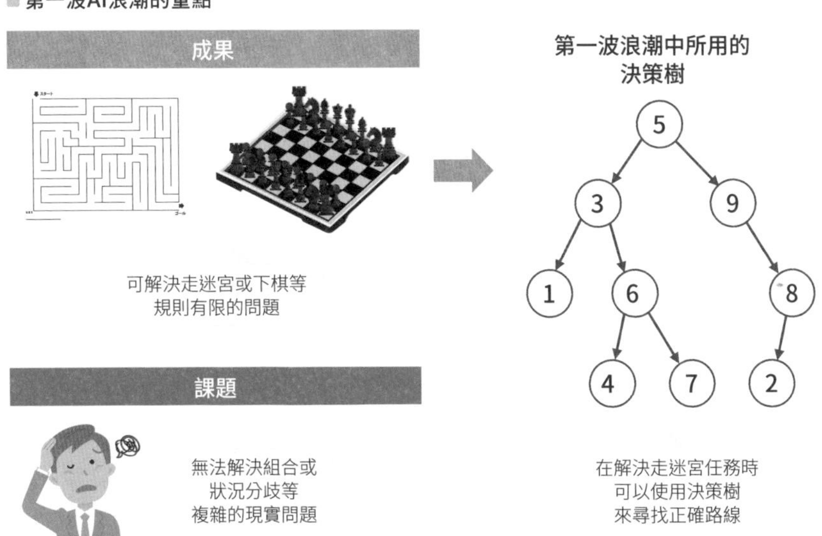

專家系統（知識的時代）

之後，原本只能解決玩具問題的AI在1980年代開始進化到**能夠解決現實問題**，引發了第二波AI浪潮。

位處第二波AI浪潮中心的是一種俗稱「**專家系統**」的技術。專家系統的目標是讓AI記住大量的專業知識，使AI能像人類專家那樣在遇到問題時進行推論。

當時最有名的專家系統之一是「**MYCIN**」。MYCIN是一個被設計來診斷感染性血液疾病，並能為病患判斷要開哪種抗生素處方的AI。MYCIN的正確性雖然不如專業醫師，卻比非專業領域的醫生更好。然而，科學家很快發現MYCIN雖然能記住專家知識，卻很難記住數量龐大的人類常識，因此難以診斷「肚子附近會痛」、「身體感覺不太舒服」這種**模糊的症狀**。因為要完全列出人類的所有知識簡直是不可能的事，所以第二波AI浪潮最終也冷卻下來。

順帶一提，比起高深的專門知識，電腦在處理感覺或運動等資訊時反而需要更多運算能力的現象，被稱為「莫拉維克悖論」。

■ 第二波浪潮所用的專家系統

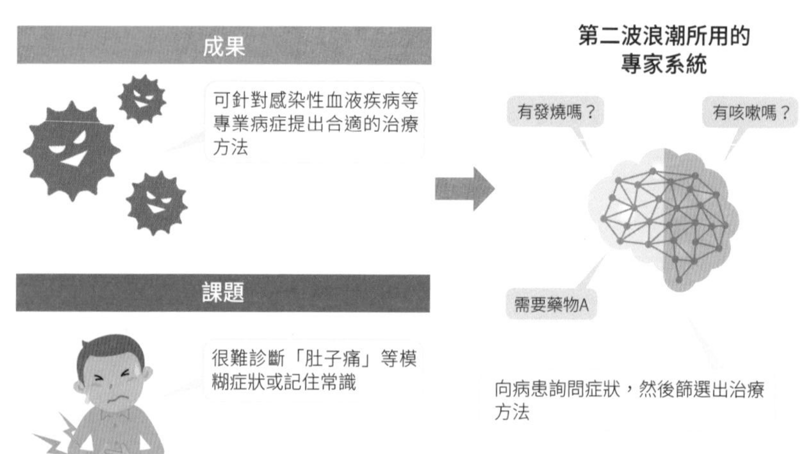

神經網路（機器學習、深度學習的時代）

在第一波和第二波AI浪潮，AI存在**只能學習有限知識的極限**。而在第三波AI浪潮中，科學家採取了**讓電腦自己從大量資料中學習的途徑**，大幅拓展了AI的應用範圍。第三波AI浪潮的重要概念有「**神經網路**」和「**大數據**」。神經網路是一種**模仿人類腦神經細胞（神經元）的模型**，具有俗稱「層」的內部構造。

得益於Web自1990年以來的蓬勃發展和社群網路的普及化，科學家得以取得足以訓練神經網路的大量資料，讓神經網路得以發揮潛力。近年備受關注的**深度學習**，便是一種透過多個運算層來提高判斷精度的神經網路。

■ 第三波浪潮所用的專家系統

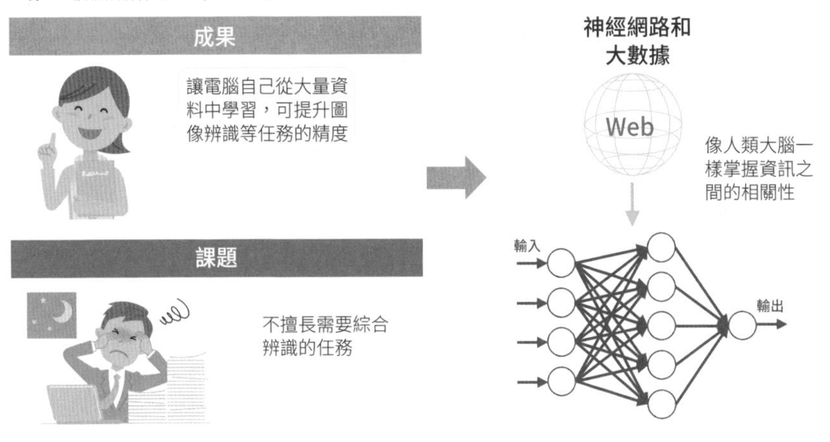

總結

- AI的發展存在熱潮和寒冬。
- 第一波浪潮是探索和推論的時代，第二波是知識的時代，第三波則是學習的時代。
- 讓電腦自己學習大量資料的方法帶來了突破。

04 什麼是機器學習

所謂機器學習，是一種透過讓電腦學習大量資料來提高判斷精度的技術。機器學習的代表性方法有「監督式學習」、「非監督式學習」、「強化學習」。

機器學習的概念和主要方法

機器學習是一種讓電腦模仿人類透過經驗學習事物的方法，來**提高電腦判斷精度的資料分析技術**。其基本過程是將大量資料輸入電腦，讓電腦反覆學習，然後從資料中找出特定的模式。機器學習主要有「**監督式學習**」、「**非監督式學習**」、「**強化學習**」三種方法。

監督式學習是把「輸入資料」和「正解標註」成對輸入電腦，讓電腦學習資料的特徵。非監督式學習則是不給予正解標註，只大量輸入資料，讓電腦從資料中學習特徵。強化學習則是基於特定目標，對正確的行動給予獎勵，錯誤的行動給予懲罰，讓電腦學會能達成目標的最佳行動。

■ 機器學習的三種方法

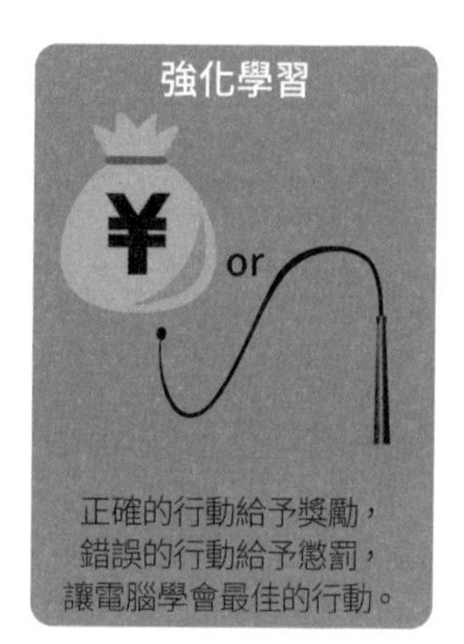

監督式學習的代表性演算法

監督式學習所用的演算法，主要有「**分類**（Classification）」以及「**迴歸**（Regression）」。

分類就是**預測輸入的資料屬於哪一類**。比如判斷電子郵件是正常郵件還是垃圾郵件的**垃圾郵件過濾**，以及識別圖中物體的**圖像辨識**等，都應用了分類演算法。

迴歸則是**預測輸入資料的連續值**。比如預測電力消耗量的變化或網站的點擊數等使用手中已有的資料來預測未來數值的任務，都是應用了迴歸演算法。

監督式學習只要解決了如何獲得附有正解標註的資料這道難關，就可以輕鬆完成，可說是最流行的機器學習方法。監督式學習的主要演算法如下表所示。另外在機器學習中，已訓練完畢、可以辨識特定種類或模式的檔案或運算方法稱為「**模型**」。

■ 監督式學習的主要演算法

演算法	應用範例	主要模型
分類 預測資料的所屬類別	・判斷垃圾郵件 ・圖像辨識	・感知器 ・決策樹（P.200） ・隨機森林（P.204） ・邏輯迴歸（P.212） ・SVM ・神經網路（P.216） ・k-NN（P.220）
迴歸 預測資料的連續值	・預測電力消耗量 ・預測廣告點擊數	・迴歸樹 ・線性迴歸（P.196） ・Lasso迴歸、Ridge迴歸 ・Elastic Net ・SVR

非監督式學習的代表性演算法

非監督式學習使用的演算法主要有「**分群**」和「**降維**」。分群主要是用來**找出資料的傾向**。包含將特徵相近的資料分割成k個組別的**k-means法**、將相似的資料按順序分組的**階層式分群**等等。

降維則是在盡可能保持資訊的情況下，將**高維資料轉換成低維資料**。比如，假使今天收集到一個10維的資料，人類是沒有辦法直接檢驗的。所以要把這個資料轉換成2維資料後再找出資料的特徵。以我們身邊的例子來說，比如測量身高和體重傾向的BMI就是一種降維算法。

當需要替監督式學習的訓練資料加上正解標註，或是想替客戶的購物偏好分類時，經常會使用非監督式學習方法。

■ **非監督式學習的主要演算法**

演算法	應用範例	主要模型
分群 主要用於找出資料的傾向	・根據不同客群制定不同的銷售戰略 ・針對不同客群推薦不同商品	・k-means法（P.222） ・階層式分群（P.226）
降維 將資料從高維轉換到低維	・用顧客資訊的分析報告將資料視覺化	・PCA（Principal Component Analysis：主成分分析）（P.232） ・t-SNE（P.55）

強化學習的代表性演算法

強化學習是一種根據實際經驗嘗試犯錯，以找出「在特定情境中該怎麼做才好」的最佳行動方針來達成特定目標的方法。

在強化學習中，電腦會以某個終點為目標，比如在圍棋或象棋中就是「贏得對局」，然後做出行動，再根據該行動的結果好壞決定下一個行動。因此跟監督式學習和非監督式學習比起來，**強化學習是一種訓練難度較高的方法**。另外，因為強化學習被應用在遊戲和自動駕駛中，跟其他方法相比，算是一種偏研究性質

■ **強化學習的主要演算法**

演算法	應用範例	主要模型
Q學習 用Q表格管理某種態的某行動的價值，並不斷對每個行動更新Q值的方法	・打磚塊 ・Alpha Go ・自動駕駛 ・製造設備的自動控制	・DQN ・A3C
蒙地卡羅方法 不斷重複使用亂數測試（實驗），找出合適答案的方法	・Alpha Go	
策略梯度法 用神經網路表現智能體行動機率的方法	・Alpha Go	・PRO

的機器學習方法。

強化學習也被應用在「**推薦**」、「**異常偵測**」、「**頻繁樣式的匹配**」等領域。

推薦算法被用於**向使用者推薦可能符合其喜好的物件**。比如購物網站常見的「其他人也買了這些商品」欄位、影音網站的「相關影片」等等，被用來讓使用者在網頁服務上停留更長時間或促銷商品。

異常偵測算法則被用來偵測信用卡的不正當使用行為或提早發現股價的異常變化等，用於**偵測異常的資料模式**。

頻繁樣式的匹配算法則是用來**從資料中找出出現頻率高的模式**。有名的例子有「啤酒和紙尿布經常被同時購買」。這就是由機器學習從消費資訊中挖掘到的模式。

總結

- 機器學習的主要方法有監督式學習、非監督式學習、強化學習。
- 除這些主要方法外，還存在推薦、異常偵測、頻繁樣式的匹配等方法。

05 什麼是深度學習

「深度學習」是一種不需要人類操作，可以由AI自動提取資料特徵的的學習方式。藉由將神經網路分成多個階層，可以提高判斷準確度，應用在多種領域中。

無需人類操作的深度學習

深度學習的英文是「Deep learning」（參照P.21），是一種只要資料量充足，就能無需人類操作，由AI自動提取特徵的學習方式。這種學習方式應用了深度神經網路（Deep Neural Network，DNN）。DNN是一種分成多層的神經網路。深度學習「無需人類操作」的特點非常重要（參照P.30）。這項特性大幅拓展了AI的應用領域。

由於近年的AI浪潮頻繁提到深度學習這個名詞，使得很多人以為「AI＝深度學習」，但實際上**深度學習只是AI開發技術的一種**。AI、機器學習、深度學習的涵蓋關係如下圖。

■ **AI、機器學習、深度學習的涵蓋範圍**

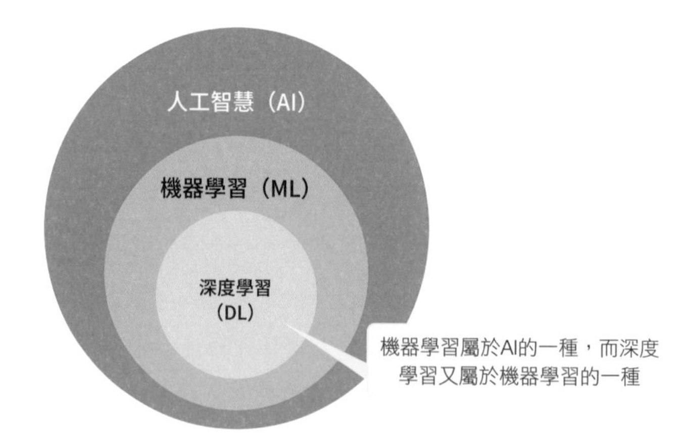

深度學習的多層化

所謂的深度學習，一如字面，即是**增加神經網路的輸入和輸出層次**，使AI能做到更深入（深層）的學習。藉由使俗稱中間層的階層多層化，深度學習增加了AI的資訊處理量、提升了特徵的精度和預測準確度、讓AI具備通用性、得以進行複雜的運算。所謂的特徵，即是隱藏資料中**用來當成預測線索的變數**。比如用來預測一個人年收入的「年齡」和「工作年數」等資訊就是特徵。

增加神經網路的層數讓AI能夠處理複雜運算，這個點子早在第二波AI浪潮就出現了。然而，由於當時很難取得足夠大量的資料，因此沒法建構出實用的深度學習系統。

直到卷積神經網路（CNN）（參照P.160）等新演算法問世，以及網際網路和感測器網路的出現讓可取得的資料量大幅增加後，深度學習才終於進入實用化階段。

■ 神經網路和深度學習的差別

神經網路

輸入層　中間層　輸出層

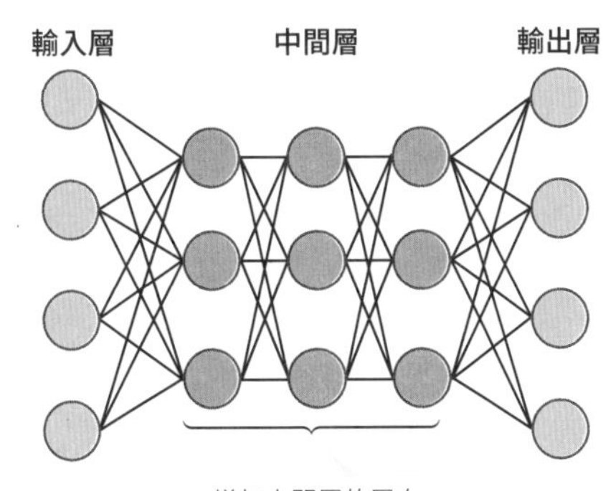

深度學習能做到的事

深度學習能做到很多不同的事情。這裡介紹其中一部分。

●圖像辨識

圖像辨識（參照P.156）是一種將圖片輸入電腦，讓電腦自動**辨識、偵測出圖片內的文字或臉等特徵的技術**。AI會先分離背景，再匹配或轉換對象，然後辨識並取出圖片內物體的特徵。第三波AI浪潮便是因為深度學習大幅提升了圖像辨識準確度而爆發的。其中一個知名的例子，便是Google把數千萬張YouTube影片的截圖餵給AI學習後，讓AI學會辨識貓臉的「Google貓臉辨識」。

●語音辨識

語音辨識（參照P.77）是**將人聲等資料輸入電腦，讓電腦辨識、偵測出聲音模式的技術**。這種技術可以識別人類的聲音，然後輸出成文字資料，或是提取聲音的特徵來辨識說話者。

●自然語言處理

自然語言處理（參照P.74）是一種**讓電腦處理我們的說話或文字等日常語言的技術**。

●異常偵測

異常偵測是一種處理工業機械的感測器收集到的時序資料，從中偵測異常資料模式的技術。

■ 深度學習的主要用途

圖像辨識

辨識、偵測圖片中的文字或人臉等特徵的技術

語音辨識

辨識、偵測人聲等聲音模式的技術

自然語言處理

讓電腦處理日常說話或文字等語言的技術

異常偵測

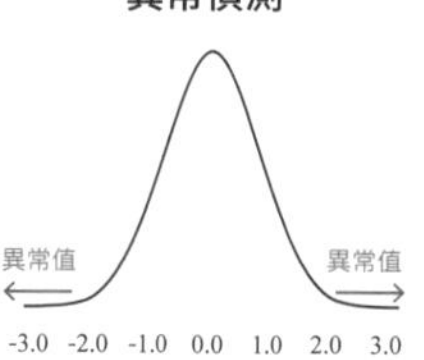

由電腦處理感測器收集到的時序資料，從中偵測異常資料的技術

深度學習的應用例

●自動駕駛

在汽車的自動駕駛中，利用了深度學習來**認識周圍的環境**。這屬於圖像辨識技術的應用，讓AI得以掌握車子周圍的障礙物，提高行駛安全性。

●自動翻譯

在自動翻譯中，應用了自然語言處理技術來幫助AI理解文脈，選出**符合文脈的單詞**，翻譯出更自然的文章。這項技術應用了LSTM（Long Short Term Memory）這類有考慮時間順序的演算法以及BERT（Bidirectional Encoder Representations from Transformers）等演算法。

●醫療領域的診斷輔助

在醫療領域，深度學習被用來分析診療照片、健檢數值、各種論文或報告等資料，幫助醫療人員提早發現疾病或提出適當的治療方法，輔助診斷。

●訂單和庫存管理

深度學習可用來分析顧客資料，找出特定模式，推論不同天氣、季節、星期時的商品消費趨勢。依照AI發現的趨勢調整進貨量，最佳化訂單和庫存，有助於減少浪費。

●網路安全

用深度學習讓AI學習伺服器平常的狀態，當伺服器遭受外部攻擊時，AI就能透過比較偵測出異常行為。

總結

- **深度學習是一種無需人類操作即可自動提取特徵的學習方式。**
- **深度學習可做到圖像辨識、語音辨識、自然語言處理、異常偵測。**
- **深度學習被應用於自動駕駛、自動翻譯、輔助醫療診斷等領域。**

06 機器學習與深度學習的差異

機器學習和深度學習的差異，在於是否需要設定特徵，以及處理的資料種類。深度學習不需要人類操作，應用範圍更廣，卻存在黑箱化的問題。

可以處理非結構化資料的深度學習

在餵給電腦學習的項目方面，機器學習和深度學習的一大差異，就是**是否需要人類設定學習項目**。比如，假設我們想用AI預測明天的冰淇淋銷量。此時，通常會由人類來設定可能會影響冰淇淋銷量的變數（天氣、氣溫、星期幾等），然後將歷史天氣和氣溫等資料與冰淇淋的銷量資料輸入電腦，讓電腦學習這些資料的關係。這種**由人類判斷解決問題需要用到哪些項目（特徵）後再餵給電腦學習的方式，就是機器學習**。

相反地，**深度學習是由電腦自己設定特徵**。比如，假設我們想訓練AI辨識貓的圖片。此時，由人類來決定要讓AI學習哪些特徵是不現實的，因為當中**存在太多例外**。

機器學習與深度學習的差異

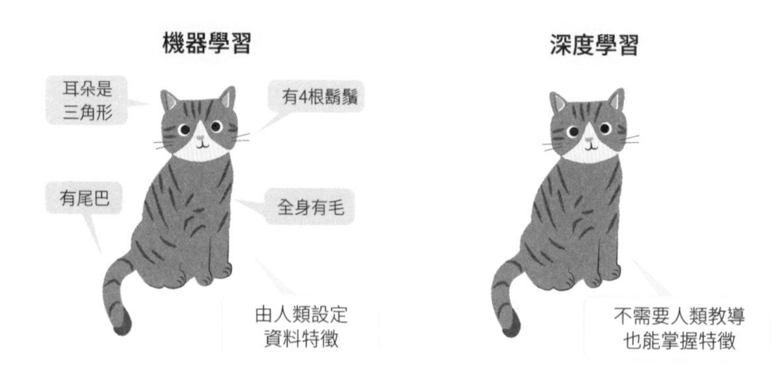

相反地，**深度學習是由電腦自己設定特徵**。比如，假設我們想訓練AI辨識貓的圖片。此時，由人類來決定要讓AI學習哪些特徵是不現實的，因為當中**存在太

多例外。

你可能會想把「有鬍鬚」當成特徵，然而世上也存在鬍鬚斷掉的貓。同樣地，你也不能用「全身有毛」當成特徵，因為並非所有品種的貓都有毛。由此可見，由人類設定特徵的話，很容易遇到例外情況，**要找出可以完美定義貓的特徵非常困難**。但在深度學習問世後，即使沒有人來設定特徵，電腦也能自己辨識圖像或處理自然語言。

在深度學習被發明出來之前，機器學習只能使用**整理成表格形式的「結構化資料」**。因此，以前人們一直認為AI很難辨識**無法整理成表格形式的圖像和聲音等「非結構化資料」**。因為就如同前述的例子，人類很難判斷哪些特徵跟圖像和聲音等非結構化資料相關。

然而，近年由於網際網路的發展和移動式設備的普及，人們得以取得大量資料，**即使直接把非結構化資料餵給AI學習，AI也能達到一定的識別準確度**。因此在深度學習的幫助下，AI變得可以處理非結構化資料，應用領域大幅增加，最終引爆了近年的AI熱潮。

■深度學習拓展了AI的應用範圍

深度學習之前

	AA	BB	CC	DD	EE
11	***	***	***	***	***
22	***	***	***	***	***
33	***	***	***	***	***

以可以用數字或符號表現的表格形式的
結構化資料為主

深度學習之後

即使資料不整理成表格形式
也能處理

深度學習的黑箱化問題

深度學習雖然能處理更多資料種類，卻存在**無法由人類控制學習方向和內容的難題**。機器學習可以由人類來設定要學習的特徵，所以我們可以知道AI是因為「對象有鬍鬚」而判斷牠是貓。然而**深度學習的模型卻太過複雜，無法解釋**「為什麼AI認為這是貓」。

這個問題俗稱「**黑箱化**」。假如一個用深度學習訓練過的AI系統發生了問題，由於沒有人可以解釋為什麼AI會做出這個判斷，因此也無從知道如何改良模型。此外，在使用AI的時候，因為無法說明「AI是如何做出這個判斷」，所以也沒法活用在第一線。因為人類存在「不知道運作原理就無法放心使用」的心理，所以在應用AI時，必須能夠解釋AI的辨識過程來說服使用者。

可解釋的AI——XAI

深度學習的**黑箱程度比機器學習等傳統AI技術更大**。因此，近年**XAI**（可解釋的AI）的概念開始受到關注（參照P.181）。XAI主要有三個實現途徑。

●Deep Explanation

即針對現在的深度學習模型**加上解釋能力**的途徑。具體方法包含將深度學習模型的特徵視覺化，或是訓練模型去說明預測的理由等等。

●Interpretable Models

即**建構可解釋的模型途徑**。具體方法有基於貝氏推論的模型建構等。

●Model Induction

即對黑箱模型**建構另一個用來解釋它的模型**。具體方法有分析黑箱模型的輸入輸出及其動作等。

■ XAI的處理概念

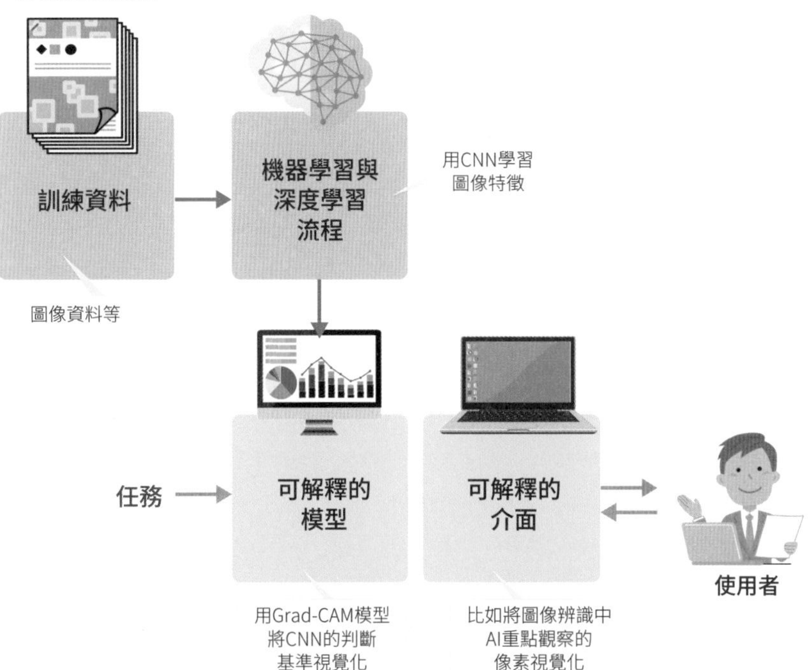

出處：由作者參考DARPA XAI製作

總結

- 機器學習和深度學習的差異，在於是否需要人類設定特徵。
- 深度學習現在也能處理非結構化資料。
- 作為解決黑箱問題的對策，XAI正受到關注。

聯邦學習：為保護隱私而生的機器學習方法

資料是機器學習和深度學習的命脈。要建構一個訓練完成的模型需要用到大量資料。但在實際的開發現場，開發者很多時候無法取得充足的資料。而收集不到資料的原因，主要出在隱私保護、利益分配的公平性、以及通訊成本這三點上。

■隱私保護

有時餵給AI資料會包含個人資訊，無法輕易把資料關聯起來。比如在使用多間醫院的圖片診斷資料訓練一個用來辨識癌症照片的AI模型時，不參與治療的醫院和研究機構就很難取得大量病患的症狀資料。

■利益分配的公平性

此外，訓練完成的模型所產生的利益要如何分配也是一大問題。比如，如果一個機器學習模型是用從多個組織收集而來的資料訓練的，那麼用這個模型營利產生的收益應該如何分配給提供資料的組織呢？要建立一個可以公平把利益分配資料提供者的機制非常困難，資料提供者常常陷入付出極高成本卻分不到任何好處的窘境。

■通訊成本

當機器學習由多個組織合作進行時，並非每個組織都一定擁有良好的通訊環境。有些情況下通訊速度會阻礙資料的同步和運用。

■可能突破資料收集困境的「聯邦學習」

一如上述，資料收集是建立機器學習模型的最大難關，而且很多因素都可能阻礙資料的收集。而聯邦學習（Federated Learning）或許可以解決資料收集的障礙。所謂的聯邦學習，就是不直接收集資料，改為收集機器學習模型的權重，藉由整合各組織的權重來建構整體精度更高的模型。

例如Google在2017年推出了智慧手機輸入法的聯合學習。由於智慧手機的輸入資料會包含個人資訊，長久以來都被認為很難直接收集。因此Google直接在設備端建立預測模型，只收集模型的權重資訊，間接提升輸入法選字的精準度。

以歐盟的GDPR（General Data Protection Regulation，一般資料保護規則）為例，世界各國都在逐漸強化資料使用規範。今後，可在機器學習時保護個人隱私的聯邦學習將變得愈來愈有吸引力。

AI的基礎知識

AI領域存在各種不同的術語。你必須具備基本的知識，了解「相關」和「因果」的定義，才有能力解釋從大量數據中提取出來的模式。此外，本章還將帶你認識機器學習中常用的學習方法：監督式學習、非監督式學習、強化學習的基本概念，以及各種用來處理不同的AI的特徵。

07 機器學習與統計學

本節將比較「機器學習」和「統計學」這兩個深切相關的領域，認識兩者的概念和用途有何不同。此外，本節也會稍微聊聊將機器學習的結果呈現給他人閱讀的「資料視覺化」。

機器學習與統計學的差別

若要用一句話解釋「機器學習」和「統計學」的不同，那就是機器學偏重如何**提高數據預測和分類的精準度**，而統計學更重視如何**解釋資料**。

對機器學習而言，基本上預測和分類數據時的精準度是愈高愈好。因此，很多時候我們並不需要知道機器學習模型的內部是如何運作，只要輸出的精度夠高就行了。然而，最近XAI（參照P.181）的研究十分盛行，也有許多科學家在研究如何視覺化AI的判斷。

另一方面，統計學的目的是解釋資料，所以統計學家不喜歡使用無法解釋的模型。另外，統計學中的「可解釋」大多只是要**確認有無相關性，不需要完全找出正確的因果關係**。

●機器學習

目的是讓AI自己從過去的資料中找出特定模式，然後預測輸入新資料時的結果，完美地進行分類和辨識。

●統計學

根據資料的特徵和傾向，以人類易於理解的方式解釋資料，提供**有助於人類下判斷和決策的資訊**。統計學大致分為「敘述統計學」和「推論統計學」兩種。

・敘述統計學

使用平均或離散等統計量解釋**收集到之資料的特徵、傾向、性質**等。

・推論統計學

根據俗稱「樣本」的資料，解釋此樣本所屬的全體資料「母體」的特徵、傾向、性質。

從資料中提取特徵的方法，主要有圖表化後綜合理解，以及透過「代表值」

或「分布」等數量來概括這兩種模式。圖表化方法常用於製作報告或用簡報溝通，而用代表數概括的方法多用於導出重視客觀性和嚴謹性的結論。

資料視覺化的好處

「資料視覺化」是指**將數據資料等加工成一眼就能看懂的形式**，幫助他人理解。從收集資料中產生的結果若不能適當地傳達給他人，資料分析就沒有意義。因此要運用圖表將資料變成易懂的形式，讓別人能夠輕易看出資料的趨勢。

資料視覺化主要的好處有以下幾點。

●幫使用者了解問題所在，加以應對

比如，**用CRM（Customer Relationship Management）系統將營業流程視覺化**，員工就能輕易發現哪個客戶漏發了郵件，迅速補上。同時，收集使用者的行動模式，就能在出現異常時立即應對。比如典型的例子就是偵測信用卡盜刷。

■ 資料視覺化的好處

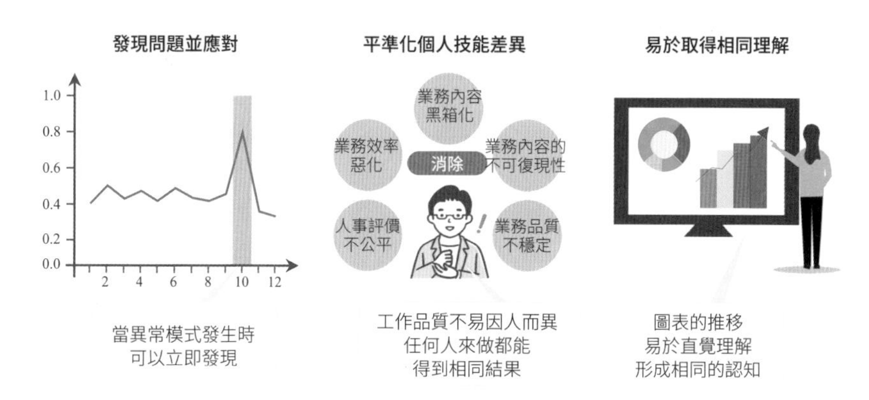

●平準化個人技能差異

比如，用數據將熟練技工所見的世界視覺化，讓菜鳥也能檢查器材。換言之，資料視覺化可以消除個人技能的影響。

●讓大家都能看懂，形成相同認知

只是單純把數據資料羅列出來，可能無法讓所有人理解，或是讓不同人產生

不同解讀。但用圖表把資料視覺化，**任何人都能直覺理解，更容易形成相同的認知**。

資料視覺化的方法

資料視覺化基本是**使用圖表來實現**。這裡我們列舉幾種在做資料視覺化時推薦使用的主要圖表種類及其特性。

●條形圖

適合想**比較多個相同尺度之資料**的情況。條形圖可讓人一眼看出「各項目的具體大小」和「哪幾個項目的大小相近」等訊息。比如可以比較各分店的營業額。

●折線圖

適合想了解**資料隨時間推移的變化**。比如營收或人口等資料的時間變化。可以搭配條形圖使用，凸顯營收的大小和時間變化。

●圓餅圖

以圓為整體，顯示其中**各個項目的組成比例**。可透過圓中的扇形面積一眼看出各項目的相對大小。

●堆疊條形圖

跟圓餅圖一樣，適合用來**掌握各項目的變化和組成比例**。特色是比圓餅圖更方便比較複數項目的情況。也可以用來整合圓餅圖、條形圖、折線圖。

●雷達圖

適合想要**用三種以上項目的大小來掌握資料性質**的情況。被用於人才的適性檢查、產品的品質評價等等。

●熱點圖

用顏色濃淡來呈現數值大小和資料強弱的表。有時也用於真實的地圖中，比如用來呈現氣溫或雨量。

■ **資料視覺化所用的主要圖表種類**

條形圖

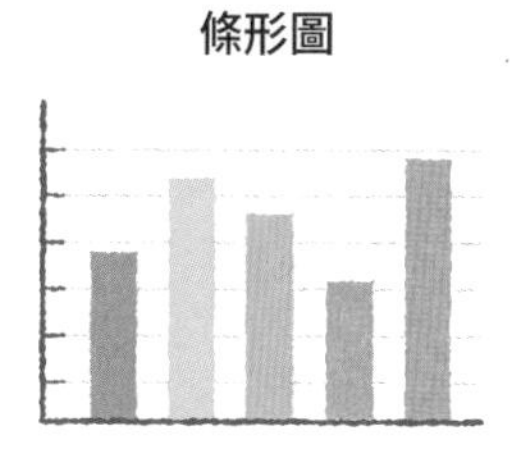

折線圖

圓餅圖

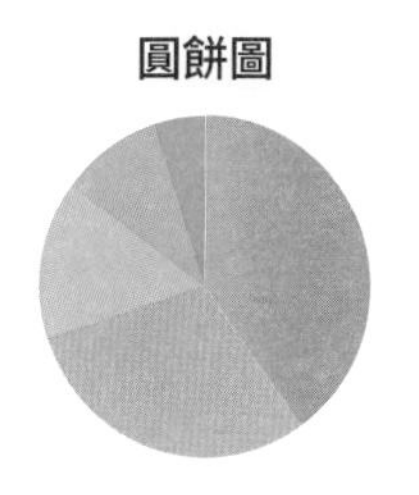

堆疊條形圖

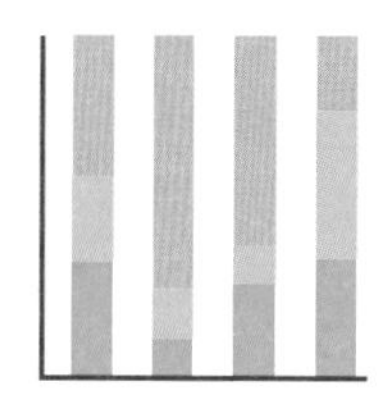

雷達圖

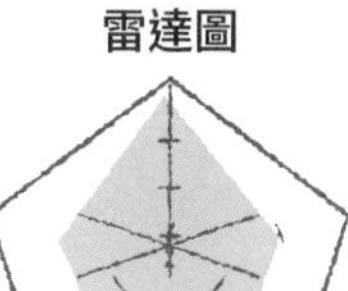

熱點圖

	A	B	C
類別1	15%	22%	42%
類別2	40%	36%	20%
類別3	35%	17%	34%

總結

- 機器學習的目的是預測資料，統計學是解釋資料。
- 資料視覺化具有更容易察覺異常、平準話個人技能差異、易於形成相同認知的優點。
- 資料視覺化常常使用圖表。

08 相關性與因果關係

本節將介紹資料分析時十分重要的「相關」和「因果」這兩個概念。這兩者雖然相似，但要是搞混相關性和因果關係，將很有可能導致重大的判斷錯誤。請好好認識這個統計學的基本概念。

相關性代表兩系統的資料有多相似

相關性指的是「**兩個東西密切連動，其中一方變化時另一方也會變化**」。比如「身高」和「體重」就具有相關性。但這兩者雖然有「其中一方增加，另一方也會增加」的關係，卻沒有「其中一方決定另外一方」的關係，所以沒有因果關係。

同時，當其中一方的數值增加，另一方也跟著增加的相關性稱為「**正相關**」。相反地當其中一方的數值增加，另一方卻跟著減少時，則稱為「**負相關**」。

因果代表兩系統的資料具有原因和結果關係

因果關係是指**其中一方為「原因」，另一者為「結果」**的關係。比如運動量和疲勞程度就是因果關係。

■ 相關性與因果關係

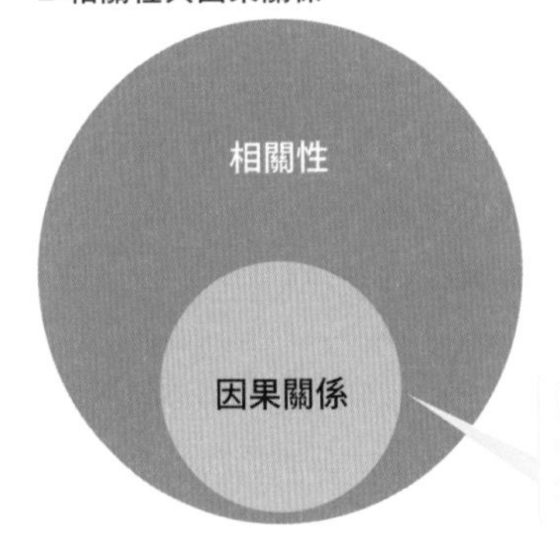

因果關係屬於相關的一種，兩者的關係是「有因果關係→有相關性」

要不要蓋電影院，跟「這個商圈有多少人」有關。而因果關係有時不只是兩個數值之間的關係，而是**非常多因素形成的複雜關係**。比如雷曼兄弟破產引發的金融海嘯即是一例。這場金融海嘯是銀行無節制地提供次級貸款，導致呆帳愈來愈多而引發的。最終股票大跌，引爆了金融危機。像這種原因和結果的關係就是因果關係。

虛假關係

在思考相關性必須注意「**虛假關係**」。比如，假設某間企業的內部調查發現員工的「體重」和「年收」具有相關性。調查結果發現，當一名員工的體重愈高，那個人的年收也愈高。但實際上真正有相關性的可能並非「體重」和「年收」，而是這兩者跟「年齡」。

・年齡愈大，代謝愈差，體重愈容易增加。

・年齡愈大，年資愈高，年收也愈多。

換言之，真正的關係有可能其實是年齡增加後，體重和年收也都跟著增加。單看資料似乎存在相關，然而其實還有**其他因素影響**，導致**兩者看起來似乎存在一方愈高，另一方也跟著變高的相關性**，這就叫「虛假關係」。

■ 虛假關係的例子

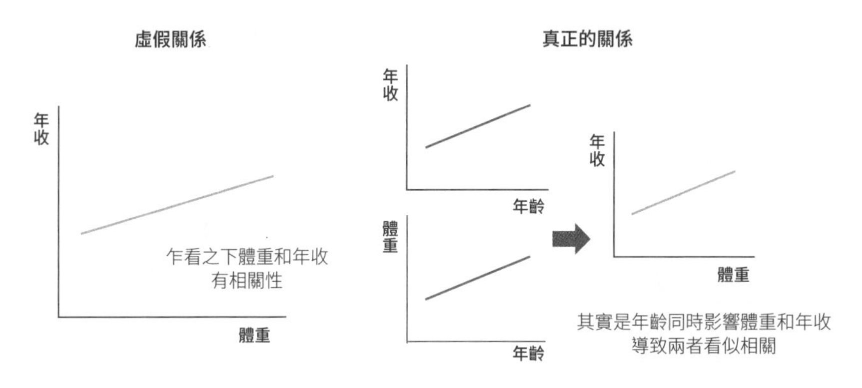

除此之外還有很多例子。像是日本的冰淇淋銷量跟炒麵銷量也存在虛假關係。這是因為冰淇淋在夏天很好賣，而日本夏天舉辦的各種廟會祭典上又常常賣炒麵。相反地，冬天時人們比較沒有吃冰淇淋的慾望，也沒有會賣炒麵的民俗活動，所以兩者的銷量都有所減少。

然而，這並不是因為冰淇淋銷量和炒麵的銷量之間存在相關，認為是氣溫同時影響兩者更加合理。因此，我們可以推斷冰淇淋的銷量和炒麵的銷量都跟氣溫存在相關性。

由此可知，在分析時必須小心不要把虛假關係跟相關性搞錯。然而，**要看出虛假關係其實意外地困難**。所以，即使兩系統的資料群之間表面上存在相關，也應該先懷疑「有無可能存在其他的影響因素」，再次仔細檢查。

其他注意點

在實務上，要推論因果關係是一件非常困難的事情。本節介紹的都是**變因較少的單純案例**，而實務中要分析的變因往往多得多。因此，你可以先做好**絕大多數情況都無法確認是否有因果關係**的心理準備。在實務上使用統計學時，大多是依照相關性的有無來決定策略，然後一邊實踐一邊檢驗，最後才慢慢摸清楚是否存在因果關係。

而推測原因和結果關係則屬於「**因果推論**」的領域。

●證明因果推論的困難之處

比如，假設分析發現「產品廣告費增加時銷量也增加」的關係。乍看之下，人們很容易認為「當廣告費增加時銷量也增加」是因果關係，但事實並非如此。

要判斷廣告費增加時，銷量是否一定也跟著增加，首先必須檢驗「**有廣告和無廣告時銷量會如何改變**」。然而現實中很難去驗證這點，因為我們不可能對同一群人去實驗有廣告和無廣告時他們會不會消費。

除此之外，我們還需要排除其他因素的影響。因為除了廣告之外，社群網路等管道也有可能影響銷量。換言之，要證明其中的因果關係，就必須對照原因「存在」和「不存在」時的情況，並**排除其他可能影響結果的因素**。因此，統計學家們想出了「**隨機對照實驗**」。

●隨機對照實驗

在隨機對照實驗中，首先會排除欲實驗之變因外的其他影響因子，然後將受試者**隨機分組**。同時，還必須確保受試者本人不知道自己屬於哪一組，**確保實驗的嚴謹性**。

以廣告費為例，首先會將受試者分成「看過廣告的群體」和「沒有看廣告的群體」。除此之外，受試的母群體最好是平常不上社群網站的人，以排除廣告之外的影響因素。如此一來，就能將受試者分為有變因干預（本例中為有顯示廣告）的組跟沒有受到干預的組，且兩組都是由相同性質的受試者組成，然後才有辦法研究當中的因果關係。然而，要用人力判斷母群體中的受試者是否具有同質性，在現實中相當困難。因此才用隨機挑選的方式組成母體，然後**「暫時假定」受試者具有同質性**。

■ 因果推論的隨機對照實驗

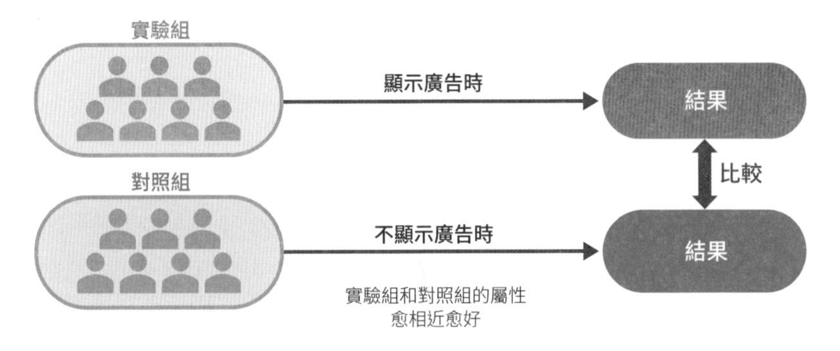

總結

- 相關代表兩系統之資料的相似程度。
- 因果代表兩系統之資料為原因和結果。
- 虛假關係可能導致判斷錯誤，必須留意。

09 機器學習與資料探勘

本節將比較機器學習和資料探勘的概念，並解釋兩者的不同。同時也會介紹AI開發者必不可少，從資料庫提取資料時會用到的「SQL」，以及從網路上收集資料的「網頁抓取」技術。

從資料中找出有用資訊的資料探勘

「資料探勘」指的是**從資料中找出有用的資訊**。但其充其量只是用來輔助人類判斷，最終還是要由人類進行決策。資料探勘的主要方法有以下幾種。

●分群

將具有相似屬性的資料分到同一組的方法。比如在營銷領域中，在將自家公司的顧客按照預測的消費模式分組（市場區隔）時就應用了分群方法。

此方法被用於替各個顧客群體提供其他產品的推薦、推薦再次購買相同產品、以及客製化的產品推薦等用途。

●購物籃分析

分析當顧客購買某樣商品時，通常**會一併購買哪些商品的方法**。藉由找出關聯性高的商品組合，就可以利用常被一起購買之商品的相乘效果，將這些商品擺放在附近或一起促銷。

●連結分析

比如「Facebook上誰跟誰是好友」、「哪個藥劑師在哪間藥局給哪位病患開處方」、「哪個人讀了哪篇部落格文章」等，**找出關聯性和連結的方法**。

連結分析的基礎，會用到的是被稱為「**圖論**」的理論。

●文字探勘

從大量文字（text）資料取出有用資訊的方法。運用自然語言處理（參照第3章）方法，將文章拆解成各種詞類（名詞、動詞、形容詞等），分析這些詞類的出現頻率和相關性，提取出有用資訊。

■ 資料探勘的主要方法

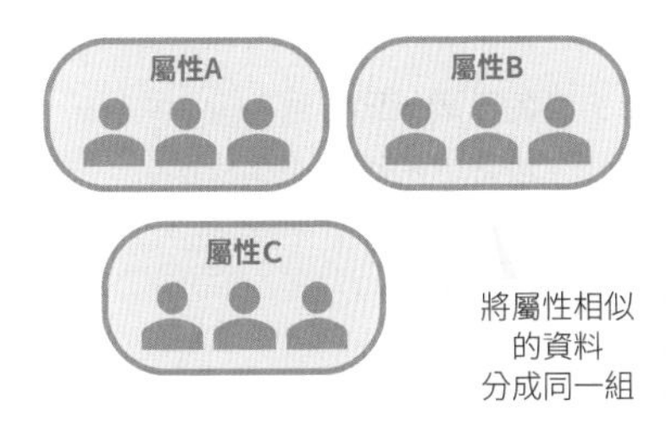

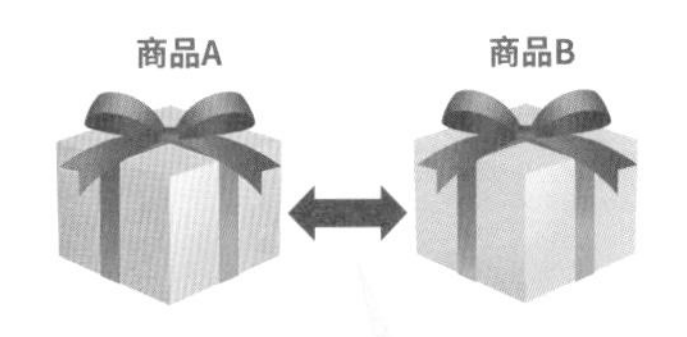

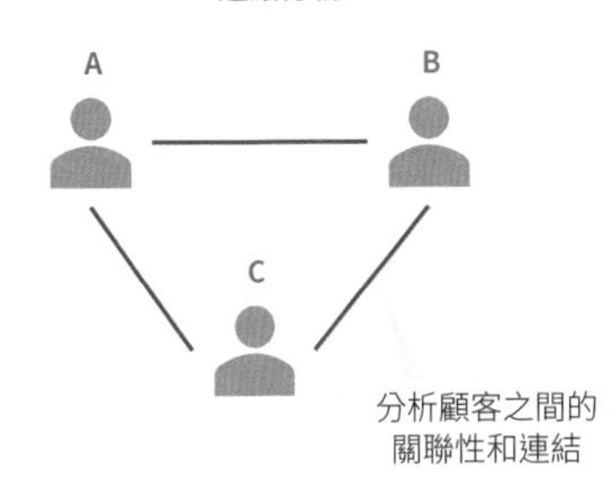

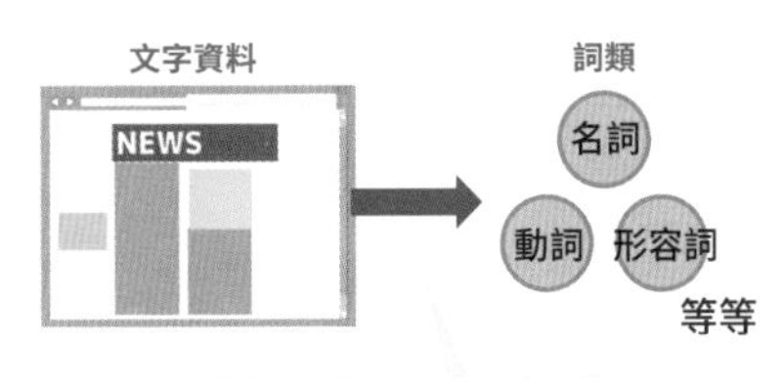

機器學習與資料探勘的差別

在機器學習中，會先建立用於預測或分類資料用的模型，再讓AI自己根據學習取得的模式進行判斷。兩者的差別在於機器學習不只輔助人類，還能**由AI自己進行判斷**。

■ 機器學習與資料探勘的差別

	機器學習	資料探勘
用途	用來預測數值或屬性等的結果	用來調查各資料的屬性之間存在何種關聯
人類介入	自動學習提取資訊需要的模式	需要人類選擇使用哪種資訊提取方法
應用例	圖像辨識等	掌握顧客的行為模式等

收集資料的工具

在開始機器學習或資料探勘之前，必須先思考「**如何收集資料**」。本節我們來看看如何使用「SQL」等資料庫語言從資料庫提取資料。

●用SQL從資料庫提取資料

機器學習和資料探勘所用的資料，平常都保管在資料庫中。資料庫就是「**資料的集中地**」。我們的生活中到處都看得到資料庫，比如LINE的聯絡人清單也是一種資料庫。

資料庫可以使用SQL等資料庫語言進行操作。SQL可以**控制資料庫中負責管理資料的程式DBMS（DataBase Management System）**。使用SQL，我們就能檢索、提取、或是改寫資料庫中的資料。

資料庫語言純粹是用來管理資料庫，從資料庫中找出符合使用者指定之條件的資料，除此之外沒有其他功能。

■ 用SQL從資料倉儲（DWH）提取資料

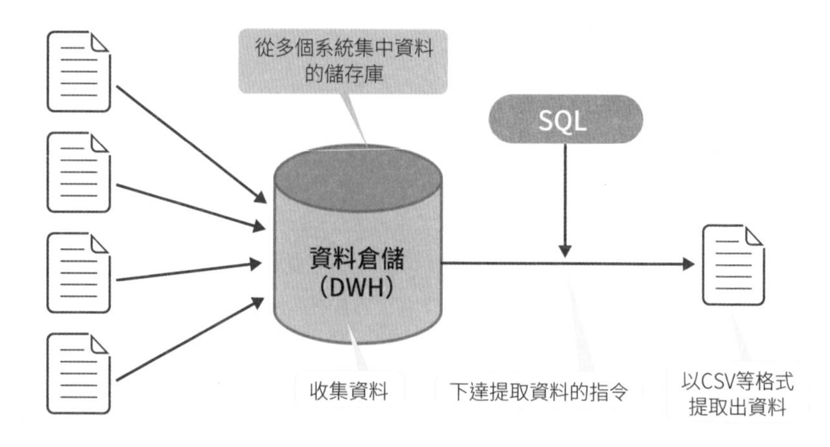

●資料庫管理系統的種類

市面上可用SQL管理的主要資料庫管理系統有以下幾種。

・MySQL

由Oracle開發、維護的資料庫管理系統。分為免費授權和商業授權兩種。MySQL可以輕鬆實現多表單的合併等動作，而且處理速度很快，是市佔率最高的資料庫管理系統

・**PostgreSQL**

開源的資料庫管理系統。使用方法大致跟MySQL相同，但功能比MySQL更多，能做到的事情也更多。比如PostgreSQL具有可輕鬆在程式碼中進行資料庫處理的優點。

・**Microsoft SQL Server**

由Microsoft提供的資料庫管理系統。相容於Excel等格式。跟Windows產品的相容性很好，在需要跟Windows產品協作時能提供許多好處。

●從網路複製或抓取網頁

若想收集網頁上的資料，則可以使用「**網頁複製（cloning）**」和「**網頁抓取（scraping）**」技術。網頁複製，指的是順著網頁上的超連結一個一個把網頁下載下來的作業。至於網頁抓取，則是從下載來的網頁中提取出所需資料的作業。我們可以先用網頁複製**下載可能存在所需資料的網頁**，然後用網頁抓取**從網頁上提取需要的資料**。

但網頁抓取會對網頁伺服器（web server）造成負擔，使用時必須特別注意。實際上在日本就曾發生過有人對岡崎市立中央圖書館進行網頁抓取，造成其他人連不上圖書系統，結果被警察逮捕的案例。在進行網頁抓取前，請先確定有無侵犯著作權或違反使用規範，以免妨礙業務。

總結

- **資料探勘是從資料中找出有用資訊，輔助人類判斷的方法。**
- **收集資料時會使用SQL等資料庫語言。**
- **從網頁收集資料的方法有網頁複製和網頁抓取。**

10 什麼是監督式學習

本節我們要深入看看機器學習中最常使用的學習方法「監督式學習」。依照「要學習的資料」和「要預測的值」，監督式學習主要用來執行「分類」、「迴歸」、「時間序列分析」三種任務。

監督式學習分為學習階段和預測階段

監督式學習是在「有正確答案」的情況下進行學習。監督式學習通常可以分成兩個階段，分別是在**有正解（監督）資料的狀態下，為訓練完成的模型進行最佳化的「學習階段」**；以及在不知道正解的情況下，**以訓練模型的輸出作為預測結果的「預測階段」**。在預測階段，我們常使用「**推論**」一詞來描述AI的行為。在預測階段輸入學習階段不存在的未知數據，並使模型能夠輸出合適的預測結果，就是監督式學習的目的。

監督式學習的最大特徵，就是**學習階段知道正確答案**。在進行監督式學習時，所有訓練資料都必須配上正確答案。比如以圖像資料為例，所有訓練圖片都必須加上「這張圖的主題是什麼」的標註。代表性的例子便是由手寫數字和正解標註組成的「MNIST」資料集。

想預測文章的內容時，則必須加上明示「這篇文章描述的主題為何」的標註。在日語的資料集中，由Livedoor News配上類別資訊的「Livedoor News語料庫」便是有名的代表（參照P.101）。

■ 監督式學習需要正確答案

■ 監督式學習的「學習階段」與「預測階段」

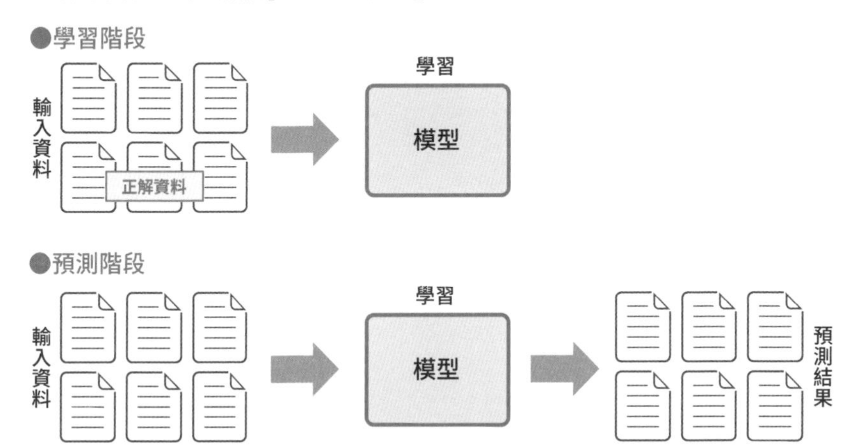

在實務中使用監督式學習時，最辛苦也最重要的步驟便是準備正解資料。所以在引進監督式學習時，必須事前檢討「**自己有無能力準備正解資料**」。

比如製造業的「不良品檢測」任務就是一種很難製作正解資料的任務。因為**製造業生產出來的絕大多數都不是不良品**。遇到這種情況，就必須考慮其他方法，比如異常偵測法等。另外，製作正解資料時可以交由自己的團隊來添加標註，或是請外部的專門業者代為準備。

監督式學習的利用場景

●分類

分類即是**推論預測結果「屬於哪個組別」**，這類任務經常使用監督式學習。下面來看看具體的例子（P.50上圖）。

這個模型是以鐵達尼號的乘客資料為基礎，預測這名乘客是「生」還是「死」，由AI來判斷乘客屬於「生存」和「死亡」哪一個組別。

分類有「二元分類」、「多元分類」、「多標註分類」三種。在二元分類中，AI要學習分辨對象「屬於兩組別中的哪一組」。而在多元分類中，AI要學習分辨對象「屬於三組或三組以上之組別的哪一組」。在這兩種分類中，一個資料不會同時屬於多個組別。而在多標註分類中，AI要學習判斷對象「符合三個或三個以上之標註中的哪幾個」，此時一個資料有可能同時符合多個標註。

■ 監督式學習的「分類」任務例

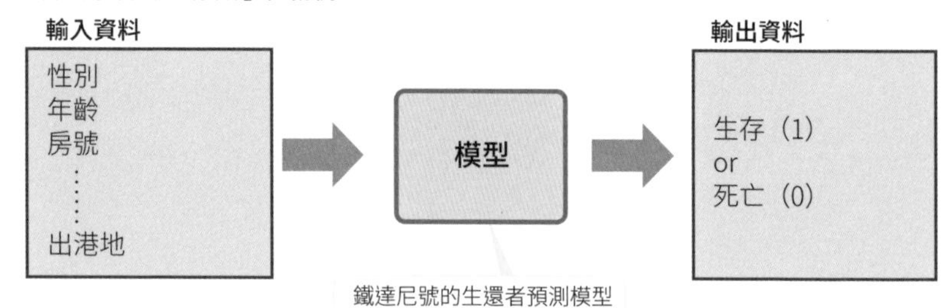

●迴歸

迴歸要預測的不是「屬於哪一組」，而是**預測數值**。

來看看具體例子吧。假設我們的任務是要根據一間住宅資訊預測它的價格。我們預測住宅的價格會因建地面積、屋齡、裝潢年份而變動。若能正確預測住宅價格，就能做出更好的購屋決策。而除了住宅價格外，像是產品營收和入場人數等數值也是，若能正確預測的話，便能將業務調整到最佳狀態。

■ 監督式學習的「迴歸」任務例

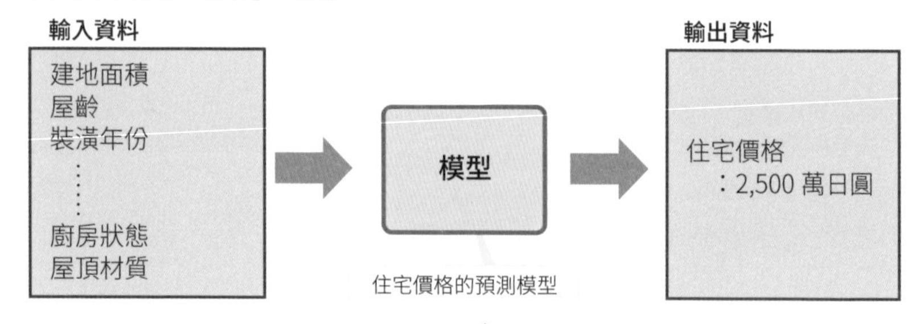

●時間序列分析

時間序列分析是一種「**輸入特定資料的歷史值以預測未來值**」的任務。雖然跟迴歸一樣都是預測數值，但時間序列分析不使用多個解釋變數，而是輸入特定資料的歷史值。

比如在預測匯率會往上還是往下時，因為只以匯率這個單一基準進行分析，所以就屬於典型的時間序列分析。

■監督式學習的「時間序列分析」任務例

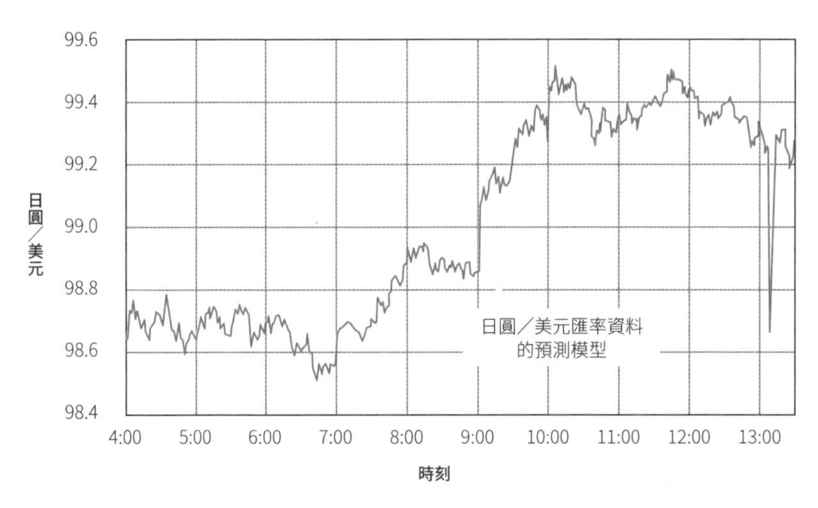

總結

- 監督式學習是一種讓AI學習正解資料的學習方法。
- 在實務上，最重要的環節往往是在於製作正解資料。
- 可以收集到的輸入資料和想預測的輸出資料分為「分類」、「迴歸」、「時間序列分析」。

11 什麼是非監督式學習

本節我們要更深入看看「非監督式學習」。非監督式學習的目的是「從已知資料取得分析結果」，但具體如何取得分析結果，會因要輸出的資料種類而異。

從資料取得分析結果的非監督式學習

監督式學習是一種在有正解資料的狀態下進行學習的方法。另一方面，非監督式學習則是**在沒有正解資料的狀態下學習的方法**。因此，非監督式學習的難度比監督式學習更高，可做到的任務也更有限。非監督式學習沒有「學習階段」和「預測階段」的區別，只要將資料輸入訓練好的模型，就能馬上得到輸出。非監督式學習雖然屬於機器學習，但逐步找出資料特徵的過程更接近資料分析的邏輯。下面我們將進一步介紹非監督式學習中的「**關聯分析**」、「**分群**」、「**降維**」。

■ 非監督式學習的概念

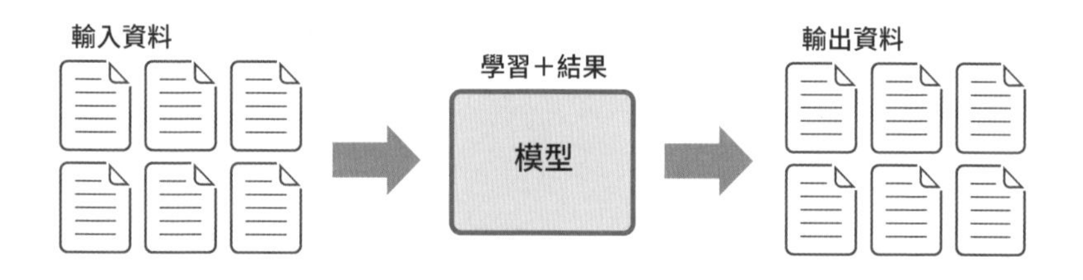

非監督式學習的使用場景

●關聯分析

「關聯分析」是用於**找出商品關聯性的方法**。比如一個很有名的例子是「購買啤酒的顧客很高機率也會買尿布」。

我們用一個貼近日常生活的例子來介紹什麼是關聯分析吧。日本的連鎖速食店常常在街上發放免費的咖啡兌換券，這種促銷手法就應用了關聯分析。到連鎖速食店消費的客人大多不會只單點一項商品。所以速食店會調查「**顧客買漢堡時最常搭配哪種副餐組合**」，就能找出最佳的促銷方案。比如，假設速食店運用關聯分析發現「顧客經常同時購買單價最高的大漢堡和咖啡」，此時如果讓咖啡免費的話，就能提高大漢堡的銷量，即使咖啡不收錢也還是划得來。

雖然關聯分析乍聽之下好像很複雜，但其實我們身邊很多服務都有用到這個概念。

■ 關聯分析的概念

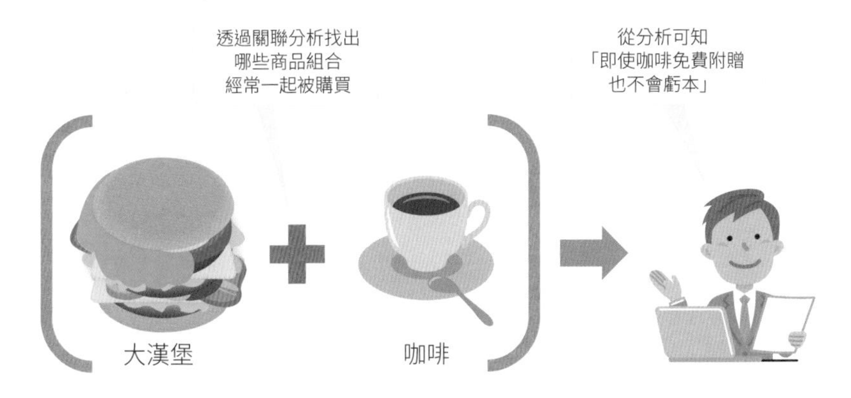

●分群

「分群」是一種將相似的資料按照順序整理，藉以掌握資料傾向的方法。這種方式叫做「**階層式分群**」（參照P.226）。除此之外，另一種常用的分群方法是**k-means法**（參照P.222）。k-means法是以座標上的隨機點為重心，在靠近重心的點上建群，然後將重心移動到群點的平均位置上，然後不斷重複此運算。

分群法主要被應用在區分市場客群，或是定義監督式學習中的正解標註等任務上。透過分群可以得知「哪個顧客屬於哪個客群（類別）」，繼而製作監督式學習所用的訓練資料和正解標註的資料集。

在現實的實務或研究中，有些資料可能沒有附上正確答案。此時分群就是**一種很方便的方法，可以將相似的資料分成同一類，替訓練資料加上正解標註**。

由於收集正解標註的方法愈多愈好，因此在做機器學習時可以考慮把分群當成其中一種產生正解標註的手段。

■ 分群（k-means法）示意圖

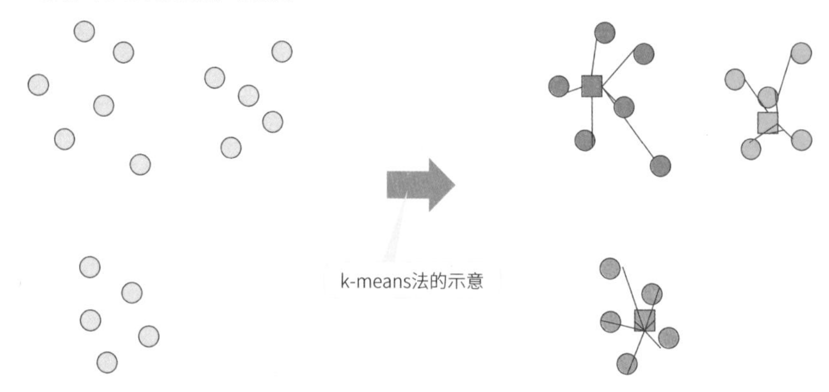

●降維

「降維」的意思是盡可能保持原有的資訊，將**高維的資料轉換成低維的資料**。在不損失資料特徵的情況下將原始資料轉換成二維資料，有助於更輕鬆地找出資料的特徵。這種方法主要用於資料視覺化等需要解釋資料意義的場合。**PCA（Principal Components Analysis，主成分分析）**是代表性的降維方法，另外近年**t-SNE**也很受歡迎。

●非監督式學習的代表性演算法

非監督式學習有很多不同的演算法。下表列出其中幾種代表性的演算法，以及它們跟分群和降維的適性。

■ 非監督式學習的代表性演算法

演算法	分群	降維
k-means法	○	×
PCA	×	○
t-SNE	×	○

■ 用t-SNE將MNIST的資料視覺化

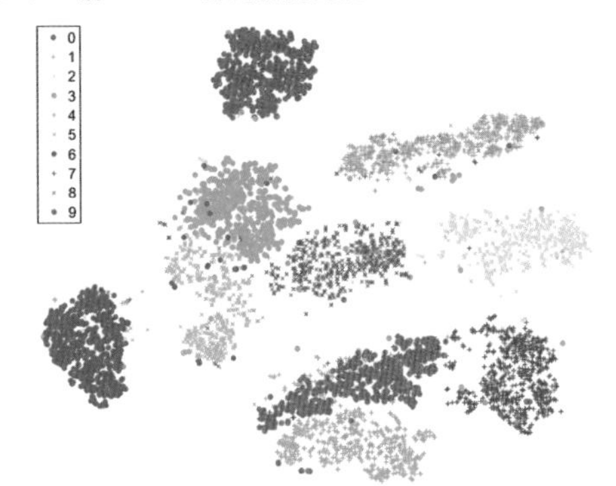

將0到9的手寫數字視覺化成一個一個的群

・**k-means法**

分群的代表性演算法。原理是將對象資料分割成任意（k個）群體。多數分群方法具有階層結構，但k-means法沒有階層結構，因此又叫「**非階層式分群**」。

・**PCA**

從大量資料中找出特定規則，代表性的降維方法。原理是將原有的大量指標整合成較少的指標，讓資料變得更好理解。代表性的例子之一，是從擁有大量問題的問卷中篩選出2個最重要的指標，再用二維圖表將其視覺化。

・**t-SNE**

近年熱門的降維方法。視覺化時的變化性比PCA更豐富，在製作說明用的資料時非常好用。另外，資料科學競賽平台「Kaggle」上也經常看到此方法。除此之外，還有階層式分群、自組織模型、LSA（Latent Semantic Analysis）」、LDA（Latent Dirichlet Analysis）等各種各樣的方法。

總結

- **非監督學習的目的是「從資料取得分析結果」。**
- **應用範例有關聯分析、分群、降維等等。**
- **也被應用來替監督式學習的訓練資料加上標註或輔助判斷。**

12 什麼是強化學習

本節我們將更深入看看「強化學習」。強化學習是機器學習方法的一種，其學習原理是「給予AI獎勵，讓AI學會如何得到最多獎勵」。下面就讓我們一起來看看強化學習的基本概念和應用範例吧。

訓練AI學會哪種方式可取得最多報酬的強化學習

強化學習是一種訓練「主體（agent）」自己依照「環境」的「狀態」去**思考怎麼「行動」才能取得最多「獎勵」**的方法。不同於監督式學習和非監督式學習，強化學習的特點是它不需要訓練資料，完全**靠AI自己不斷嘗試犯錯來學習**。

以自動駕駛為例，此時汽車（的AI）就是主體，而環境則是汽車行駛的道路。然後，如果車子在行駛時完全沒有撞到其他汽車或障礙物就給予獎勵，撞到的話則給予懲罰。不斷重複這個學習過程，讓AI慢慢掌握不會撞到障礙物的駕駛方法。

除此之外，強化學習也被用來訓練機器人的自動控制和玩遊戲。下面我們將介紹幾個比自動駕駛更貼近日常生活的例子。

■ 強化學習的循環

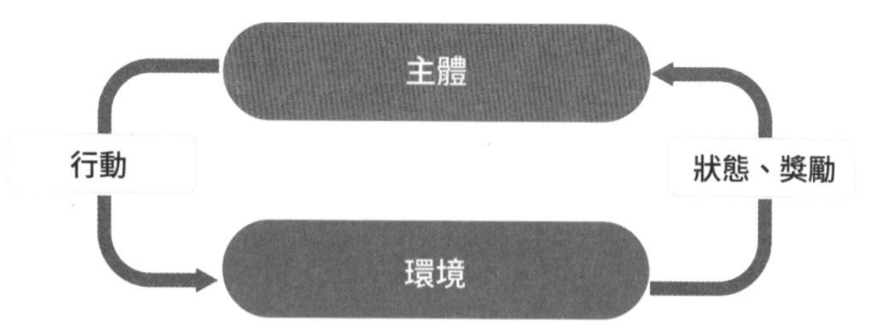

強化學習的術語

強化學習是一種思路跟監督式學習和非監督式學習大異其趣的演算法，所用的術語也不太相同。請至少記住以下幾個主要名詞。

●策略

在強化學習，主體要依據當前的「環境狀態」決定下一步「行動」。此時，主體**用來決定行動的方針**就叫「策略」。具體來說，策略就是「在某狀態採取某行動的機率」。而強化學習的目標就是找出可取得最多獎勵的策略。

●立即獎勵和延遲獎勵

主體基本上會優先採取可取得最多獎勵的行動。但若太執著於行動後立即發生的獎勵，就有可能錯失稍後可以取得的更大報酬。此時**行動後馬上產生的獎勵稱為「立即獎勵」，而過一段時間才產生的獎勵稱為「延遲獎勵」**，如何平衡兩者乃是強化學習的重要主題。

■ 強化學習的主要術語

術語	說明	在圍棋中的對應
主體	對環境採取行動的主體	棋手
環境	主體所處的世界	棋局
行動	主體在特定狀態下可採取的行動	具體的棋步
狀態	環境的狀態（會因主體的行動而改變）	棋局的當前狀態
獎勵	對主體的行動給予的評價	符合勝率的評價
策略	主體決定行動的方針	棋手的戰略
立即獎勵	採取行動後馬上發生的獎勵	吃子
延遲獎勵	過一段時間後才發生的獎勵	優先佔領更大的陣地而非吃子
收益	包含立即獎勵外和延遲獎勵在內的總收益	—
價值	在主體的狀態和策略固定不變時的有條件收益	—

●收益

強化學習追求的是包含立即獎勵和之後才發生的延遲獎勵在內的**「總獎勵」最大化**。而這個總獎勵就稱為「**收益**」。

「獎勵」是環境給予的，而「收益」則是主體自己設定的最大化目標。因此，主體的思路不同，**收益的計算方式也會改變**。具體來說，通常會使用「**總折扣收益**」，即對遙遠未來的獎勵進行折扣後獲得的獎勵總和來計算收益。

順帶一提，圍棋AI「Alpha Go」便是運用強化學習實現飛躍性進化的。這是因為強化學習只需要設定「哪種策略可以最大化獎勵」的目標問題，就能讓AI自己根據對局資料學習。

強化學習的應用場景

強化學習的應用場景有「廣告最佳化」和「網頁分析」等等。

●廣告最佳化

在強化學習的演算法中，有一種名為「**吃角子老虎機**」的演算法。這是一種用來解「**多臂式吃角子老虎機問題**」的演算法。所謂的多臂式吃角子老虎機問題，指的是當存在多個報酬期望值不同的選項時，「如何用最少的嘗試次數選到報酬最高的選項，使報酬最大化」的問題。應用此演算法，就能在面對多種廣告和廣告方式時，分析出「哪個廣告可以獲取最多顧客和訂單，達成目標」。

■強化學習的吃角子老虎機演算法

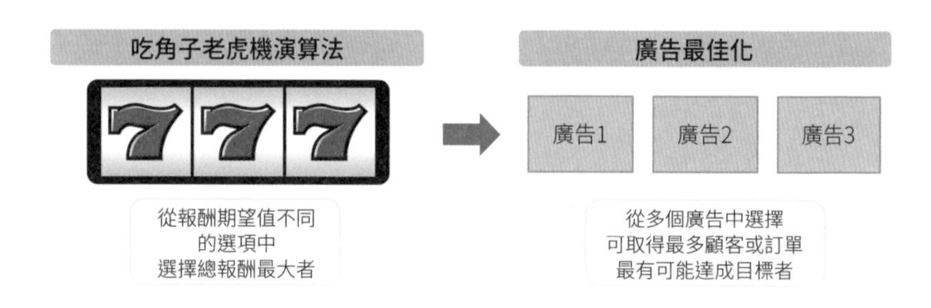

●網站分析

強化學習在機器人和點擊式廣告等領域非常盛行，同時也開始有人嘗試將它應用在網站分析上。其中一個例子，便是使用強化學習來找出哪種行動路徑最能讓使用者做出註冊會員等廣告商希望消費者做出的行動（轉換率最高）。比如，使用者從訪問網頁到下單購買產品，需要經過「首頁→選單頁面→訂購頁面」等多個頁面。此時，就可以**讓AI學習使用者在網站上的行動歷程，了解哪種行動最能引導使用者購買**。

在強化學習中，必須先定義「狀態」、「行動」、「獎勵」才能開始學習，而在網站分析中，這三者的定義分別如下。

①狀態　進入管道：從哪裡連進網站。
　　　　有無登入：是否有在網站登入會員。

網頁訪問次數：訪問了這個網頁幾次。

星期：是在星期幾訪問的。

時間段：是在哪個時間段訪問的。

②行動　網站上的商品檢索行動等等，會轉換到目標行為的行動。

③獎勵　最終有轉換到目標行為就加分，直接離開網站的話則負分。

設定好「狀態」、「行動」、「獎勵」後，接下來就是**讓AI學習可以取得獎勵和無法取得獎勵的行動路徑**。重複此過程，讓AI分析哪些行動路徑的轉換率更高，哪些行動路徑的轉換率較低。

由此可知，強化學習是一種讓AI學習如何在被給予的環境中取得最大報酬的方法，在商業上的通用性很高。同時，因為不需要準備正解標註等資料，可以減少製作資料集的工夫。

總結

- 強化學習的目的是讓「主體」根據「環境」的「狀態」，學習如何「行動」才能取得更多「獎勵」。
- 強化學習的應用場景包含廣告最佳化和網站分析等。
- 不需要正解標註，可省下製作資料集的時間人力。

13 AI與大數據

本節要來看看大數據。近年AI技術之所以受到關注，可以說很大一部分要歸功於大數據的收集機制和應用方法日趨完備。要懂得運用AI，就一定要具備大數據的基本知識。

大數據的定義與跟AI的關聯性

大數據一般是指「**累積大量且即時產生的結構化與非結構化資料，然後分析、處理這些資料的技術**，又或是指這些資料本身」。大數據有三個俗稱「3V」的特徵，分別是Volume（量）、Velocity（速度）、Variety（多樣性）。具備這個特性的資料群就可以稱之為大數據。

Volume（量）：資料量及處理這些資料的能力。

Velocity（速度）：變化的速度與可以追上變化速度的更新頻率。

Variety（多樣性）：非結構化的各種資料。

■ 大數據的3個V

Volume（資料量與處理能力）	Velocity（變化速度與更新頻率）	Variety（資料多樣性）
ZB 等級的資料	以前所未有地高頻率產生的大量資料	結構化資料與非結構化資料的複雜組合

大數據跟深度學習（Deep learning）非常契合。

深度學習是一種利用多層化的神經網路演算法，讓AI自動提取需要的資料，然後加以學習的方法。要進行深度學習，就**不能沒有大量未經過提取的「原始資料」**。換言之，大數據對深度學習來說是不可或缺的。同時，要提高AI的精度，還必須不斷把資料餵給AI，讓AI持續學習。而這個過程也需要大量資料。

在大數據的管理技術中，比較重要的是2010年前後問世的Apache Hadoop和Apache Spark。透過這些技術，過去單靠關聯式資料庫（Relational database）很難管理的**數十TB的龐大資料，如今都變得可以管理**。此外，文本資料和圖像資料等**非結構化資料也變得可以加以利用**。

不僅如此，許多大型科技公司也陸續推出可透過網際網路管理資料的服務。其中比較重要的有2006年由Amazon推出的Amazon Web Service（AWS）、2008年Google推出的Google App Engine（GAE）（現改名為Google Cloud）、2010年Microsoft推出的Windows Azure（現改名為Microsoft Azure）。這些技術都剛好在2012年深度學習開始受到關注前不久推出，可以說正是**這些科技的發展才讓AI進入了實用階段**。

大數據的應用

大數據的應用例子有以下幾種。

- 從便利商店的POS資料分析顧客的行動。
- 在旋轉壽司的盤子貼上IC標註，掌握哪個盤子被顧客拿了幾次。
- 在汽車上搭載通訊設備，分析交通狀況。

■ 大數據的應用例

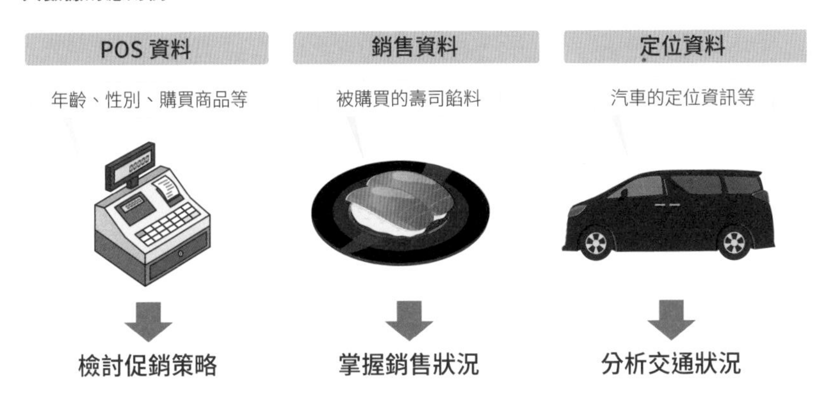

大數據應用的課題

●數據分析平台

數據分析平台指的是**用於「儲存、加工、分析龐大資料」的一系列技術平台**。要在組織中有效利用大數據，就必須先弄好數據分析平台。

●安全策略

多數企業使用的大數據都是跟顧客的消費行為有關的資訊。而顧客資訊大多包含了個人資訊，因此必須建立完善的安全策略來保護這些資料。現實中已發生過很多次個人資訊因為企業資安管理不善而外洩的案件，安全策略可說是大數據應用的重要課題。

●資料科學家的培育

「資料科學家」是處理大數據的專家。儘管如今已進入大數據應用的時代，但日本目前卻十分缺乏資料科學家。不只是數據分析，培育同時具備統計學和程式設計能力的人才乃是當務之急。跟安全策略一樣，人才培育也是大數據應用的課題。

■ **應用大數據時的主要課題**

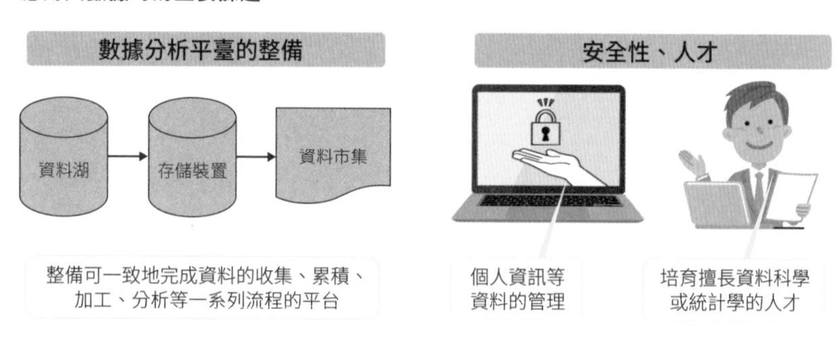

在安全策略方面，可以運用能在資料庫中安全處理個人資訊的加密技術。而在人才培育方面，最好是能具備大學程度的數學和統計知識。

◎ 定義資料的品質

在收集大數據時，還必須考慮「怎樣算是高品質的資料」這問題。資料管理的知識體系中有一本由資料管理協會出版的指南書《**DMBoK（Data Management Body of Knowledge，資料管理知識體系）**》，下表列出了本書中用於評判資料品質的標準。

開發AI時使用的資料，因為可能是從多個資料庫中提取的，且資料在不同時間點的傾向也有所不同，所以**品質很容易劣化**。因此，在應用大數據時，最好事先定義資料的品質。

■資料品質的評價標準範例

評價標準	概要
正確性	資料正確呈現出要代表的實體。
完整性	資料的所有要素都齊備。
一致性	同一實體只存在一個代表資料。
最新性	資料呈現的是當前的實體。
精度	資料的詳細度（有效位數等）是否充足。
隱私	有做好存取管理和使用監測。
妥善性	在對象業務中資料一致不矛盾。
參照整合性	資料存在參照來源。
適時性	資料在需要時可以立刻使用。
有效性	資料的屬性（類型、格式、精度、字元編碼等）都在有效範圍內。

總結

- 大數據是「累積大量且即時產生的結構化與非結構化資料，然後分析、處理這些資料的技術，又或是這些資料本身」。
- 大數據的特性有Volume（量）、Velocity（速度）、Variety（多樣性）
- 大數據應用的課題包含安全面和人才面。

14 從資料種類看AI的特徵

本節要介紹圖像資料、時間序列資料、自然語言資料、列表資料等不同輸入種類的AI特徵。下面我們將來看看各種資料最常用的演算法。

用CNN辨識圖像資料的微小差異

圖像辨識最常使用的是一種叫「**卷積神經網路（Convolutional Neural Networks，CNN）**」（參照P.160）的演算方法。CNN就是加上了「卷積（Convolution）層」的神經網路。

首先來看看神經網路的圖像辨識原理吧。如下圖所示，只要輸入的圖片像素位置有些許差異，就會影響神經網路的判斷。雖然以單一像素為單位來看，這兩張圖片有所不同，但整體都是從左下往右上延伸的黑色像素。像這種**用整體的傾向來辨識對象的方法**，就是CNN。

■ 神經網路的圖像辨識

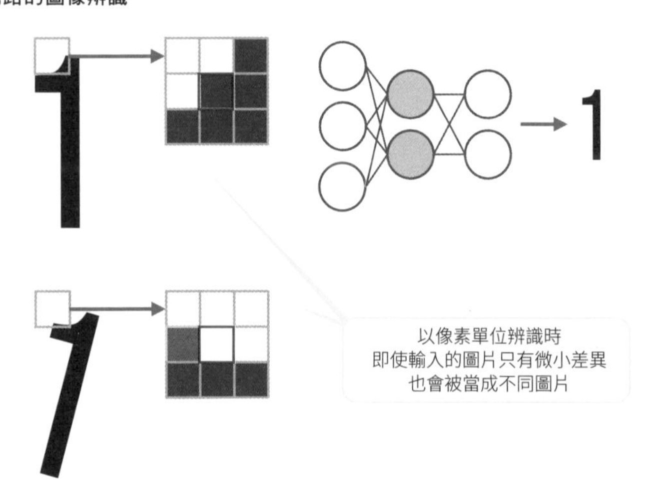

■ CNN的圖像辨識

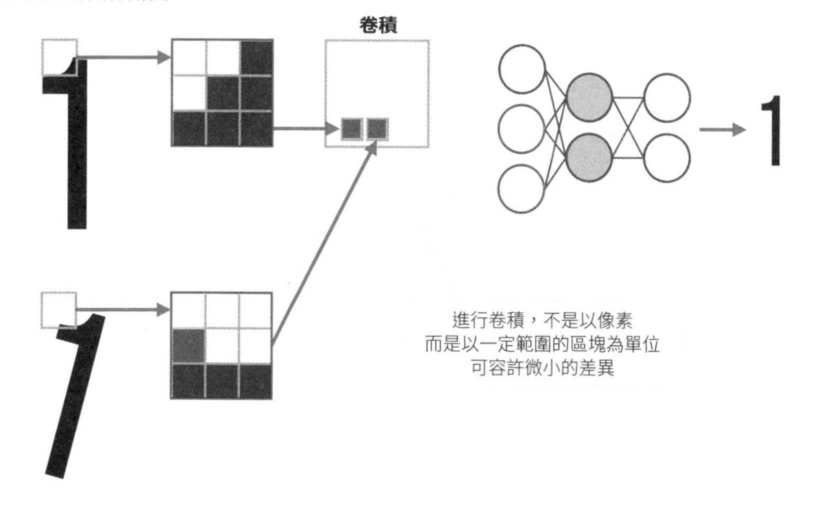

將時序資料的前後關係納入考量的RNN

處理時序資料的AI經常使用「**遞歸神經網路（Recurrent neural network，RNN）**」（參照P.104）。RNN不是單向的神經網路，擁有「**回饋循環（feedback loop）**」，可以透過回饋循環在辨識時考慮前後關係。

■ RNN和FFNN的差異

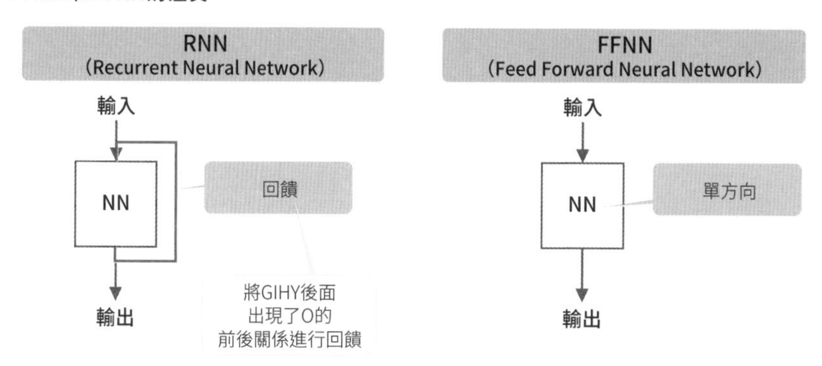

比如，讓AI去辨識在「G」、「I」、「H」、「Y」之後的下一個手寫字母（「O」）。如果是本書的日本讀者，一眼就能認出這是「GIHYO（技評）」

（註）本書日文版的出版商「技術評論社」的日文簡稱。

（註）的意思，將最後一個字母辨識為「O」。然而，單方向的FFNN（前饋神經網路）無法思考輸入的前後關係，因此有時會把最後一個字母辨識為「U」。而在某些任務中，**回饋循環能讓神經網路辨識前後文的時序關聯**，繼而提高辨識精準度。

■ 回饋循環

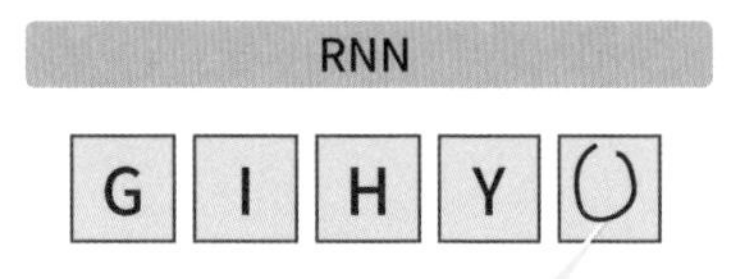

能辨識自然語言中依賴結構的BERT

處理自然語言的AI經常使用「**BERT（Bidirectional Encoder Representations from Transformers，BERT）**」（參照P.116）等演算法。這是一種在實務面廣泛普及的標準化方法。「Bidirectional」是「雙向」的意思，換言之BERT可以辨識**前後關係和文法上的依賴結構（參照P.81）**。

傳統的自然語言處理方法幾乎都是以單字為單位進行辨識的模型。但以單字為單位進行辨識，AI很難認識到文法中的依賴結構。比如搜尋「豚骨拉麵以外的拉麵店」時，如果以單字為單位辨識，AI很高機率會幫你搜尋「豚骨拉麵店」。這是因為AI無法辨識「以外的」和「豚骨」這兩個詞之間的關聯。而BERT可以

■ 傳統的自然語言處理與BERT的差異

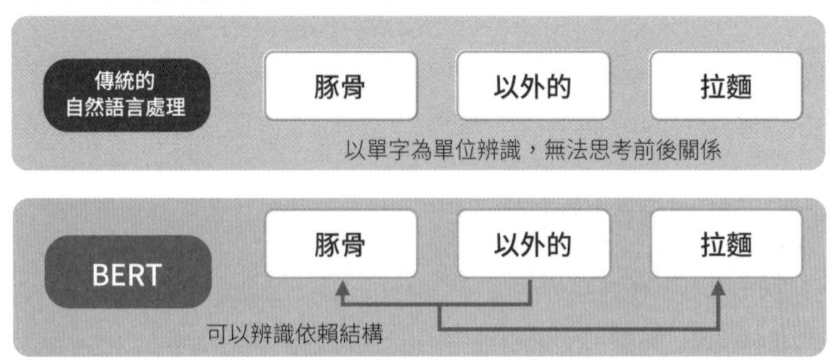

辨識出這種依賴結構，因此被廣泛應用在自然語言處理任務上。

在自然語言處理領域，近年還出現了如「**GPT**（Generative Pre-trained Transformer）」這種可以生成連人類也感覺不到不自然之文章的模型，可以說在2022年這個時間點，自然語言處理是最受關注的AI領域。

列表資料以運用決策樹的方法為主流

而在列表資料的部分，比起深度學習模型，更常用的是「**XGBoost**」（參照P.208）和「**LightGBM**」等**運用了決策樹**的演算法。

除此之外也存在如「**TabNet**」等神經網路算法，也有一定的使用人數。列表資料跟其他資料形式不同，深度學習模型的普及速度更慢一些。但人們也對這領域未來會出現何種算法愈來愈感興趣。

■ 結合了LightGBM的演算法

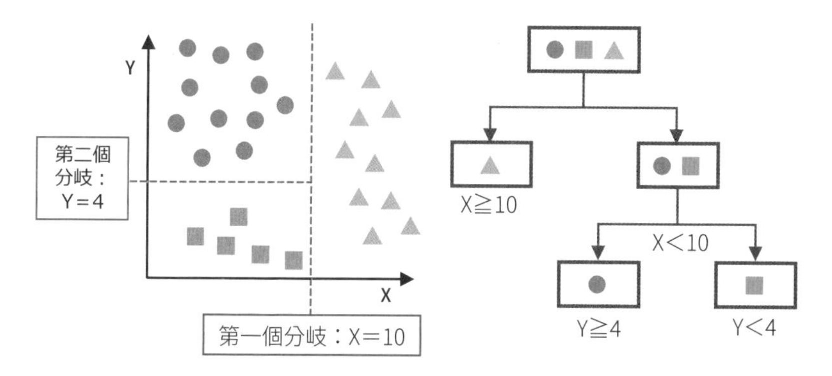

總結

- AI模型使用的演算法會依輸入的資料而異。
- 圖像辨識常用CNN，時間序列資料常用RNN，自然語言處理常用BERT。
- 列表資料目前大多仍使用決策樹演算法。

15 AI系統的開發流

實作AI系統時，因為在評估之前很難知道是否達到了目標標準，並且很可能需要推倒重來，因此必須確保開發流程在時間上足夠寬鬆。同時，在設計時還必須小心防範幾個商業面和技術面上容易踩到的「陷阱」。

AI系統的開發分成四個階段

AI系統的開發大致分為「**商業面**」和「**AI（技術）面**」兩個面向。在開發AI系統時，必須妥善平衡這兩個面向。

AI系統的開發流主要分成「構思」、「PoC（Proof of Concept，概念驗證）」、「實作」、「維運」這四個階段。

AI系統的開發跟一般的系統開發不同，檢討「**要解決何種課題**」也是一個很重要的環節。這是因為若沒有設定合適的課題，為了解決一個不適合用AI去解決的課題而投入開發，將很可能遇到「不管怎麼實驗都無法達到實用等級」的困境。開發者必須認識一個很重要的前提：那就是AI充其量只是解決商業課題的工具之一，除非替AI設定合適的問題，否則引進AI沒有任何意義。

■ AI系統的開發流

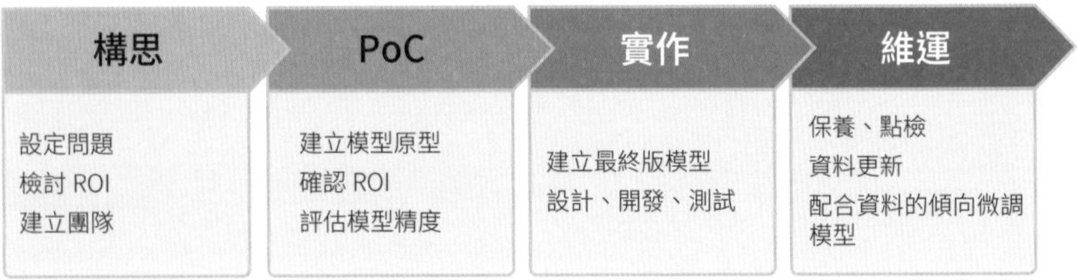

構思	PoC	實作	維運
設定問題 檢討 ROI 建立團隊	建立模型原型 確認 ROI 評估模型精度	建立最終版模型 設計、開發、測試	保養、點檢 資料更新 配合資料的傾向微調模型

■開發流的上游工程

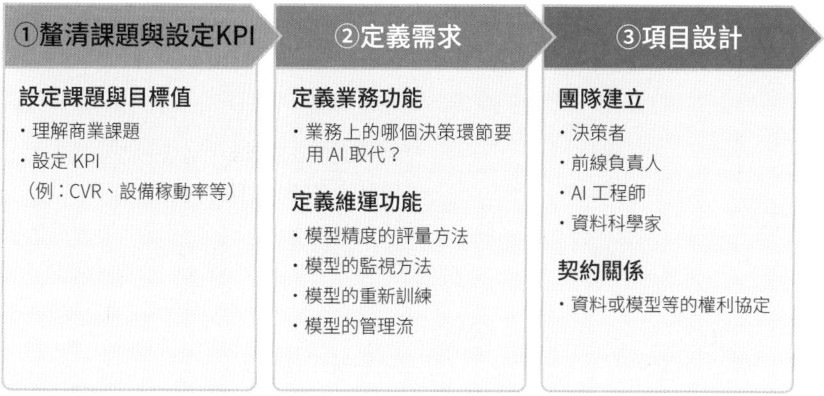

①釐清課題與設定KPI	②定義需求	③項目設計
設定課題與目標值 ・理解商業課題 ・設定 KPI （例：CVR、設備稼動率等）	**定義業務功能** ・業務上的哪個決策環節要用 AI 取代？ **定義維運功能** ・模型精度的評量方法 ・模型的監視方法 ・模型的重新訓練 ・模型的管理流	**團隊建立** ・決策者 ・前線負責人 ・AI 工程師 ・資料科學家 **契約關係** ・資料或模型等的權利協定

①釐清課題和設定KPI

首先必須做的，是**釐清商業課題**和設定商業上的目標值**KPI（Key Performance Indicator，關鍵績效指標）**。比如，假如要解決的課題是「提高網站的營收」，那麼就可以用轉換率（Conversion Rate）當成KPI。而如果課題是「製造業設備的預測性維護」，則可以用設備的稼動率等當成KPI。為避免本末倒置，變成為了AI而AI，一定要確實選擇有效的KPI。

然而，在開發AI系統時，**要一開始就設定合適的目標值往往相當困難**。以「建立商品推薦用的演算法」為例，大多公司會把目標設定成「建立高精度的模型」，但要事先定義「多少精度的模型才足夠解決課題」卻很困難。

因此，更現實的做法是提前設定要當成目標的項目，然後**一邊實驗一邊慢慢決定具體的目標值（數字）**。

②定義需求

在定義需求的階段，必須決定好自己需要何種「業務功能」、「維運功能」、以及「非功能性需求」。非功能性需求往往因企業和案例而異，所以本節我們只介紹業務功能和維運功能的部分。

首先是業務功能，這部分我們要先想清楚「**業務上的哪些決策環節要用AI代替**」，然後再列出需要用到的輸入資料。比如以「增加網站的營收」這個課題來說，我們需要的業務功能可能是「用AI代替人類找出轉換率高的使用者」。而此時需要輸入的資料則是超連結的點擊次數等行為史資料。

而若課題是「製造業設備的預測性維護」，那麼需要的業務功能可能是「用AI代替人類預測可能快要故障的設備」。此時需要輸入的資料可能是機器運轉的聲音資料等等。

決定好業務功能後，接著要決定的是維運功能。具體來說，此階段我們需要決定「評量模型精度的方法」、「監視模型的方法」、「模型的在訓練方法」、「模型的管理流」等事項。

即使將機器學習模型引進系統，如果沒有決定好如何評量模型，或是模型精度降低時如何重新訓練等方法，就很難穩定地維運模型。要實現穩定的維運，必須考量以下幾點。

・確保實驗環境等條件的一致性（評量或再訓練的方法）

在開發AI系統時，一旦所用的函式庫等版本有所不同，就無法確保實驗的可重現性。因此，開發時必須記錄所用的**函式庫或OS等環境**，在相同條件下進行評量或再訓練。

・確保預測結果可輕易確認（評量方法）

確保機器學習模型的預測結果很被立即檢驗也很重要。如此一來，即使模型的精度下降也能迅速應對。

具體來說，我們可以使用Python的Flask或R語言的Shiny等應用框架來製作Web應用程式。而若使用雲端服務的話，也可以利用Google Cloud AI Platform Prediction或Amazon SageMaker等代管服務來建立預測結果的檢查機制。

・活用指標進行監視（監視方法）

即檢查記憶體的使用量、預測所花的時間、預測的平均值・中位數・標準差等統計量、缺失數據、NaN（非數）等值，確認系統是否能夠穩定地運作。

③項目設計

項目設計的工作是**設計資料的收集方法和團隊成員的管理體制**。AI系統的開發項目要成功，就必須集齊「決策者」、「熟悉業務領域知識的負責人」、「建立機器學習模型的工程師」、「資料科學家」這4種人才。而項目設計的目標就是調整項目，設法讓這4類成員參與開發。

規劃上面這三件事，就是在**規劃AI系統開發項目的整體藍圖**。在開發AI系統時，人們常常把焦點放在如何建立模型和提升模型精度上，但若沒有做好設定課題、決定維運方法、團隊建立等前置工作，就很難做出實用的模型。因此在開發時請確實檢討上述幾點。

AI系統開發的難點

AI系統開發在商業面和AI（技術）面上各會遇到許多困難。下面介紹幾個代表性的難題。

●商業面

・目標設定

在開發AI系統或分析數據時，經常會遇到「**不曉得準備多少訓練資料可以達成多少精度**」的問題。因此，要事先定義幾%的精度才算達標相當困難；即使設定了目標，也可能會偏離最初的計畫。因此在開發時，必須事先項告訴顧客「最終結果可能偏離預先設定目標」，取得客戶的諒解。

・客戶溝通

很多不熟習AI的客戶會以為「只要使用AI就能解決一切問題」。因此，開發者必須**適當地向客戶說明AI「做得到的事」和「做不到的事」**。清楚理解並檢討客戶的願望和委託內容，耐心地跟客戶在可實現性上達成共識非常重要。

・團隊建立

AI系統開發必須**事先想清楚「哪個階段要花多少時間」**。把大多數時間花在前置作業上，跟把時間花在提升模型精度，或是花在解釋資料與製作報導上，所需的人才完全不同。不僅如此，很多時候是在投入開發時間後才能正確預估工作量，因此常常遇到事先分配的人力不符合實際需要之工作量的情形。因此，在規劃時最好預先分配充裕的人力和時間。

●AI（技術）面

・資料的偏差問題（訓練資料偏離真實環境）

在做機器學習時，有時會因為收集資料時沒有發現資料的偏差，**導致模型的輸出過度偏向帶有某特徵的資料**。比如在製作內容商品的推薦系統時，有時會發生模型只推薦人氣作品的情況。

有人氣作品的點閱數和評論數都比其他作品多。如果把這類數據也餵給模型學習，模型就會優先輸出原本就很有人氣的作品，建立一個「人氣不高但符合使用者喜好」的作品永遠不會被推薦的推薦系統。

有效的機器學習有一個大前提，那就是訓練資料必須「**能充分代表真實環境或要預測的對象**」。換言之，一旦訓練資料出現偏差，就很難輸出合適的結果。

當輸入的資料存在偏差，機器學習就無法發揮作用，因此如何找出資料中的偏差，乃是機器學習的一大技術課題。

總結

- AI系統開發必須綜合考慮商業面和技術面。
- 在開發的上游階段，要依序進行釐清課題、定義需求、項目設計的前置工作。
- 開發過程必須小心防範商業面和技術面的陷阱。

自然語言處理的方法和模型

自然語言處理是一種用來處理人類日常對話和書寫時所使用之語言的技術。為了讓電腦能夠恰當地搞懂人類說話時的模糊表現，以及那些一字多義的詞彙，AI科學家發明了許多不同的方法和模型。本章我們將用具體的例子介紹自然語言處理的方法和原理。

16 什麼是自然語言處理（NLP）

「自然語言處理（NLP）」是一種相當貼近我們日常生活的技術。不過，現階段這項技術還稱不上萬能。首先為了讓你對這項技術有個大致的概念，先讓我們一起來看看NLP被應用在哪些場景吧。

處理日常語言的NLP

「**自然語言（Nature Language）**」是我們日常生活說話、書寫時所用語言的統稱。而相對於自然語言，C語言和Python、Java等用來對電腦下指令的這種程式語言，則叫「人工語言（Artificial Language）」。

「**自然語言處理（Nature Language Processing，NLP）**」泛指讓電腦處理自然語言的技術，或是專門研究這項技術的學術領域。NLP的歷史很古老，據說早在1940年代中期電腦問世時，就有人想出要用電腦進行自動翻譯（機器翻譯）（參照P.76）。而NLP就是**讓電腦去處理我們平時說話和書寫語言的技術**。

以下我們將穿插NLP的具體例子，介紹現存的各種NLP技術與方法。透過這

■ 處理自然語言的NLP

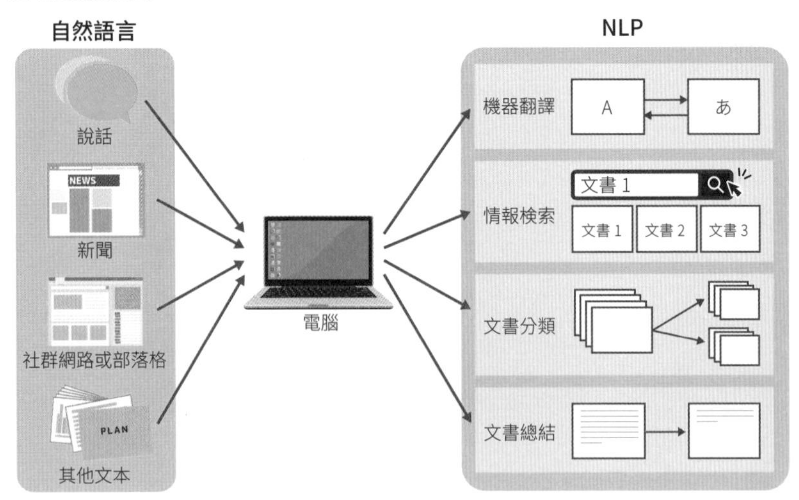

些例子，你將會了解「NLP是用何種技術或方法實現」，以及「NLP目前能做到什麼程度」。本節的目標是要讓你擺脱「總覺得好像使用NLP就能順利解決所有問題」的抽象印象，能夠具體地知道「想解決問題需要先準備好○○○，然後也許就能利用NLP的□□□方法解決」。

另外，本節**將多個句子的組合稱為「文章」，將句子或文章之間的關聯稱為「脈絡」**。

■ 第3章的流程

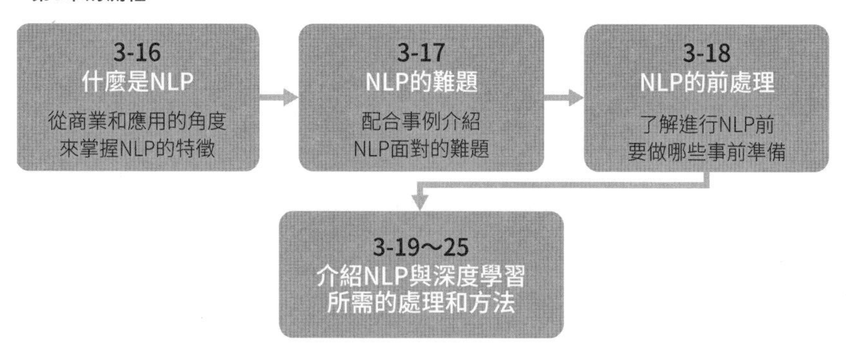

NLP的市場預期將快速成長

先從商業的角度來概述一下NLP吧。根據市調公司Mordor Intelligence在2021年1月公布的調查報告，全球NLP市場的規模將**從2020年的107億美元（約3435億台幣）成長到2026年的485億美元（約1兆5572億台幣）**，成長幅度**約3.2倍**。具體而言，該報告認為NLP的用途將拓展到醫療、行銷、法務、智慧財產等各式各樣的領域。而推動該市場成長的主要原因有以下幾點。

- 想在快速變化的社會環境中迅速且正確地掌握現狀。
- 因人力短缺，故想盡可能將多數業務交給電腦處理。

已融入生活App的NLP

接著，我們來看看幾個應用了NLP技術的具體案例吧。

●機器翻譯

NLP第一個有代表性的應用例是「**機器翻譯（machine translate）**」。現在很多人都會使用翻譯軟體來閱讀外國演員在網路上的發文或製作英語簡報。而機器翻譯就是用電腦將某個語言（**原始語言：source language**）的文章翻譯成另一個語言（**目標語言：target language**）。比如Google翻譯、DeepL翻譯等線上翻譯服務都有很多使用者。

另外，在專利領域，翻譯師也會先用機器翻譯產生粗略的草稿。具體來說，就是由人類來修正（譯後編輯，Post-editing）機器翻譯的結果以提高實際的翻譯品質，減輕工作負擔。

2014年，使用了神經網路技術的「**神經機器翻譯（neural machine translation）**」技術問世，一口氣提高了機器翻譯的精度。而現在，使用「**Transformer**」（參照P.110）的神經機器翻譯方法正逐漸成為主流。

■ DeepL翻譯的機器翻譯介面

最近市面上還出現了只要輸入說話聲（聲音），就能自動翻譯成目標語言並替你說出來的產品。直接用聲音輸入和輸出的翻譯稱為「**語音翻譯**」。這種翻譯應用了第1章（參照P.28）介紹的「**語音辨識技術**」，以及將文字或文章轉換成語音的「**語音合成技術**」。

■ 語音翻譯示意

說話

順著這條路
直走就到了

語音辨識→機器翻譯

Go straight
down this road.

Thank you!

●搜尋引擎

「**搜尋引擎（search engine）**」是指能替使用者從網際網路或伺服器上的龐大資料中找出所需資訊的系統或軟體。在NLP的領域，這項功能被稱為「**資訊檢索**」。除了Google或Yahoo等可搜尋網際網路資訊的搜尋引擎外，圖書館的館藏檢索系統、料理的食譜檢索等許多資訊系統也都應用了這項技術。

■ 搜尋引擎的搜尋框、查詢詞、搜尋結果

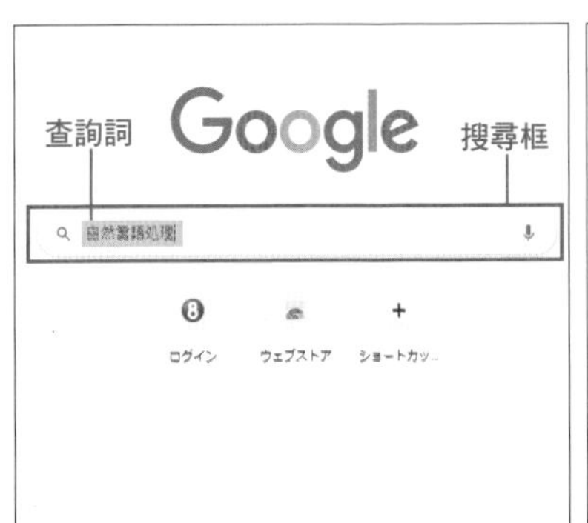

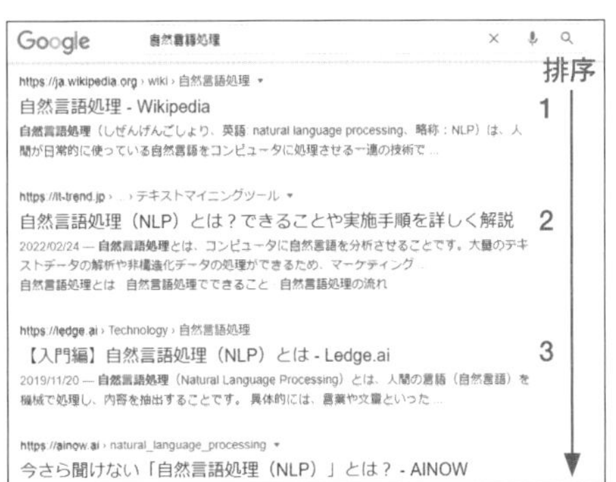

搜尋網際網路上的資訊時，以Google為例，一般要在**輸入框（搜尋框）**輸入目標的關鍵字來進行搜尋。此時，搜尋框內輸入的關鍵字或文章一般統稱為「**查詢詞（query）**」。

按下搜尋鍵後，搜尋引擎會替所有跟查詢詞有關的結果進行排序後顯示在畫面上。檢索取得的各項資訊稱為「**搜尋結果**」。要讓搜尋引擎把使用者想找的結果顯示在排序的最上面，就必須**計算各項搜尋結果跟查詢詞之間的相關性或該項結果的重要性**。搜尋結果的重要性通常是由過去的點擊數或網頁之間的連結（超連結）數量等決定。

搜尋引擎需要**高速度**。但若每次搜尋都把龐大的資料庫全部找一遍的話，將會非常花時間，所以搜尋引擎會預先替每個網頁加上俗稱「**索引（index）**」的標題。索引的功能就跟圖書館書架上「100（哲學類）」、「300（科學類）」的分類標註一樣。透過這個分類，搜尋引擎就不用漫無目的地搜尋頁面上的所有文字，可以預先知道大致該往哪邊找，更有效率地找到目標網頁。

搜尋引擎應用了多種NLP技術。比如你就算在搜尋欄輸入「照相雞」，搜尋引擎也依然會替你顯示「照相機」的搜尋結果。這是因為「照相雞」和「照相機」在搜尋引擎內被視為同一個詞。這種語形不同但意義幾乎相同的詞彙就叫「**同義詞（synonym）**」

除此之外，當你在搜尋欄輸入「照相機」時，有些搜尋引擎還會自動替你列出「照相機 初學者」、「照相機 推薦」等等後面可能接的查詢詞。這種輔助使用者查詢的附加功能叫「**關鍵字建議**」，也同樣應用了NLP技術。

●對話系統

人類可以直接使用自然語言跟電腦或機器人對話的系統稱為「**對話系統**」。我們的生活當中存在著各式各樣的對話系統。其中之一就是「**聊天機器人（chatbot）**」，聊天機器人泛指可在人類用短文進行「詢問」時，由電腦自己即時回答問題的程式。現在很多客服網頁和LINE App等服務上都能看到聊天機器人。

而能用語音跟電腦對話的系統則叫「**語音對話系統**」。具體例子有Apple的

■ 同義詞的關鍵字轉換與關鍵字建議功能

Siri、NTT docomo的「my daiz」等服務。另外，現在還出現Amazon Echo和Google Nest等智慧音箱產品，都可以用語音操作來得知天氣，或在煮飯騰不出手時設定定時器。這些產品的使用方式都是由使用者直接用語音對電腦提問，然後由電腦自己回答。在NLP中，由電腦根據提問來抽取答案的處理稱為「**自動詢答（Question Answering，QA）**」。電腦會根據過去的提問或詢答紀錄等網際網路上的龐大資訊來抽取答案。

總結

- 人類說話或書寫所用的語言統稱自然語言。
- NLP是用電腦處理自然語言的技術。
- NLP被應用在搜尋引擎或對話系統等產品上。

17 NLP的模糊性與困難

人類使用自然語言進行交流。本節讓我們一邊看看具體的事例，一邊認識使用NLP時必須考慮的模糊性和困難。

實現NLP時面臨的特有難題

用NLP處理自然語言時，會遇到某些特有的難題。自然語言是由單字等**人為創造的符合組合而成**，不存在像物理定律這樣的嚴格規律。在自然語言中，詞彙也會經歷生老病死，隨著時間推進而不斷改變，導致原本的經驗不再適用。而且自然語言只是人類用來交流的工具，有很多只有某些群體才懂的獨特語用或省略表現，使得語意表達存在模糊性。模糊性指的是**詞彙或句子沒有統一定義，可以有多種解釋**。換句話說，同一符號的意義可能會隨使用者的解釋而變。相信大家在使用電子郵件或聊天軟體時，應該也都有過「對方的回答雞同鴨講」或「誤會對方意思」的經驗。一般來說，人類覺得很難的事情，對電腦來說也同樣很難。看到這裡，相信大家應該可以想像NLP有多不容易。

■ 存在不同詮釋可能性的自然語言

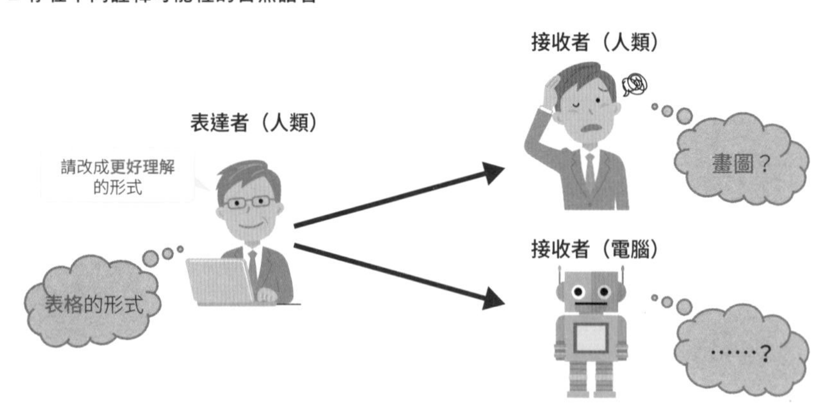

NLP的模糊性與困難之處

讓我們用具體的例文來看看NLP的模糊性和困難之處。

「I bought a picture.」……①

請問這句話的意思是「我買了一幅畫（picture）」，還是「我買了一張照片（picture）」呢？這種同一個表示符號卻擁有多種意義的詞彙叫「**多義詞**」。而英語中存在著很多多義詞。

「こちらにはいしゃがいる」……②

請問這句話的意思是「這裡（こちらに）有一位牙醫（はいしゃ）」，還是「這裡（こちらには）有一位醫生（いしゃ）」呢？日語跟英語不一樣，單字之間不會用空白來區隔。因此在閱讀時必須去判斷**哪裡到哪裡屬於同一個詞**。以日語來說，通常會使用一種叫「**語素分析（morphological analysis）**」（參照P.86）的技術來進行上述的區辨。

「我拍了一張很大的狗和貓的照片」……③

這個例句凸顯了自然語言的模糊性。筆者對這句話的理解是我拍了一張「很大的狗」和「貓」的照片。然而，這句話也可以有其他解釋。比如我拍了一張「大狗」和「大貓」的照片，或是我拍了一張主題是「狗」和「貓」的「很大的照片」等等。至於哪個才是正確答案，單看例句無法得知。同一句話之所以會有多種解釋，是因為「**子句的從屬關係**」不清晰。換言之，「很大的」這個形容詞有可能只從屬於「狗」，也可能同時從屬於「狗」和「貓」。這種從屬關係常常被比喻成「**樹狀結構（tree structure）**」，並可以用「**語法分析（parsing或syntactic analysis）**」技術來掌握從屬的結構。

「它很好用」……④

這個例句凸顯了自然語言的理解困難性。這句話中的「它」指的是什麼，光看這句話根本無法得知。比如，如果這句話前面接的是「上次我買了一台相機」，那我們就能知道例句中的「它」是指「相機」。自然語言中存在很多代名詞，比如「這個」、「那個」等等的指示代名詞，以及「我」、「他」等等的人稱代名詞。代名詞等參照其他詞彙的詞在語言學中稱為「**回指（anaphor）**」，而例句中的「相機」這種被代名詞參照的詞彙則叫「**先行詞（antecedent）**」。而「它」跟「相機」的替代關係叫「**回指關係（anaphoric relation）**」；而辨識「它」指涉的是「相機」的技術則叫「**指代解消（anaphora resolution）**」。

文句的解釋隨著從屬關係而改變

順帶一提，日語還有一個更棘手的地方。比如例文③的日語是「大きい（很大的）犬（狗）と（和）猫（貓）の写真（的照片）を撮る（拍）」，完全省略了人稱代名詞。日語跟英語不一樣，經常省略主語。主語被省略時的回指叫「零回指（zero anaphora）」。當用NLP理解的不是單一文章，而是文章之間的關係，也就是文章的脈絡時，就必須考慮回指關係。

「この製品、すごくない」……⑤

最後介紹一個意義會隨著脈絡改變的例句。這句日文字面上的翻譯是「這個產品不厲害」，但它的真實意義卻會隨著前後文而改變。假如這句話的前文是在稱讚這個產品，那麼這句話在日文中的意思就會變成「這個產品，會不會太厲害了啊!?」的感嘆語氣。順帶一提，辨識一句話的內容是肯定語氣還是否定語氣叫做「**情緒分析（sentiment analysis）**」。

進行NLP前要準備什麼？

在做NLP之前，首先必須準備「**資料集**」。而NLP用的資料集當然是**文本資料**。而這類文本資料的資料集俗稱「**語料庫（corpus）**」，其中監督式學習（參照P.48）用的帶有標注的語料庫稱為「**註解語料庫（annotated corpus）**」，只有文本而沒有註解的稱為「**生語料庫（raw corpus）**」。

■ 常使用NLP處理的語料庫

若手頭沒有上述這種語料庫的話，則可以使用向公眾開放的資料。這裡介紹兩個日語的生語料庫。

青空文庫：將已過著作權保護期的作品，以及開放公眾使用之作品的電子化後放在網路上公開下載的服務。

維基百科：網際網路上的自由百科全書。不僅可以閱覽，也開放所有人進行條目的撰寫、編輯。

總結

- **人類平時使用的自然語言很模糊且不易理解。**
- **由大量文章資料組成的語料庫有很多種。**
- **也有如青空文庫這類開放公眾使用的語料庫。**

18 NLP的預處理

取得語料庫後，接下來就可以用NLP展開分析。但進行分析前，還需要做一下「資料的預處理」，讓資料變得更好分析。預處理的內容包含套用正確的字元編碼、分割單詞、以及處理未知字詞等等。

設定課題，讓NLP更容易想像

NLP的預處理，指的是**將輸入的文本資料轉換成電腦更容易處理的形式**。順帶一提，這種使用機率和統計方法從大量文本資料中提取有用資訊的技術，俗稱**文字探勘**（參照P.44）。

以下我們將一一介紹開始NLP前需要進行哪些預處理工作。為幫助大家更好想像如何用NLP解決問題，我們將設定以下的課題。

課題設定

- 零食公司「AI糖菓」有一名員工，名字叫美咲。
- 有一天，老闆交代美咲去分析公司某樣老牌餅乾產品的消費者評論。
- 這些評論一共有100條左右。
- 美咲決定把這些評論當成語料庫，嘗試用NLP進行分析。

套用正確的字元編碼

公司交給美咲分析的消費者評論，是由另一個單位用問卷調查的方式收集到的。但美咲打開這份資料的檔案後，發現裡面全是無法閱讀的英數字和符號。美咲馬上意識到這是「**亂碼**」。

她詢問了負責收集資料的單位，才知道內容變成亂碼的原因在「**字元編碼**」上。要讓電腦看懂文字，就必須先把文字轉換成由0和1組成的數字列。而用來轉換文字和這種二進位數字列的**變換規則**就叫字元編碼。字元編碼又有很多種類。

遇到亂碼時，首先懷疑是字元編碼出問題就對了。現在最常使用的字元編碼是UTF-8，所以只要事先說好「一律用UTF-8格式收集和分析資料」就能避免亂碼問題。

讓資料更易於使用的字詞正規化

美咲解決亂碼問題後，馬上開始閱讀這些評論。然後，她馬上注意到這些評論使用的文字表達非常分散不統一。

①「AI」和「ai」的差異

②公司名稱「AI糖果」和「AI糖菓」的差異

雖然這種小差異在人類看來馬上就知道是同樣的東西，但**丟進電腦處理時字串會長得完全不一樣，因此會被當成不同的東西**。所以，在分析前需要先統一表達方式。這種依照統一的規則轉換資料，讓資料更容易使用的工作就叫「**正規化（normalization）**」。

具體來說，要轉換的內容有①**統一字元型別**。比如將半形字元轉成全形字元等等。②根據字典**統一用詞**。比如將「AI糖果」這種專有名稱全部轉換成「AI糖菓」。

正規化的方法有很多種。比如對於「10月10日」或「20元」這種日期或金額等數值資訊，如果不是很重要的話，通常會把文本中的數字全部替換成0，像是「0月0日」或「0元」。重要的是去**思考「想要提取何種資訊」和「需要什麼樣的正規化才能提出資訊」**。

■ 字元型別的統一與用詞統一

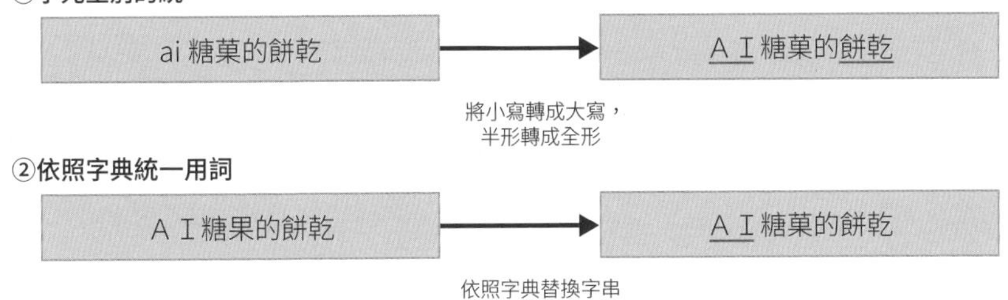

明確化單詞的分界點

完成上述工作後，美咲開始閱讀評論，檢查「哪種詞彙最常出現」。要計算資料中各詞彙的出現次數，就必須把文章輸入電腦，並告訴電腦「文章中的哪裡到哪裡是一個單詞」。此時便需要運用**語素分析**。「語素（morpheme）」是**單詞的最小單位**，而**分析單詞的分界點、所屬詞類、詞形變化等的處理工作**，便統稱為語素分析。

英文會在單字和單字之間插入空格，但日文和中文不會，導致單詞的分界點不明確，所以需要進行語素分析。順帶一提，插在單詞和單詞之間用於區分單詞的空格等符號叫「**分字符**」。以日語來說，大多是使用開源軟體來進行語素分析，比如MeCab、JUMAN、Janome、Sudachi、Kuromoji等等。下圖以「お土産用にクッキーを買いました（買了送禮用的餅乾）」這句日文為例，列出了實際的語素分析結果。最後的「EOS」是「End of Sentence」的縮寫，代表是整個文本資料的結尾。

以MeCab為例，這款軟體選擇了使用字典的「**最低成本法**」來做語素分析。其原理是將輸入的文章按照字典中的單詞窮舉出所有可能的分割法（例：把「東京都」拆成「東」「京都」、「東京」「都」等等）。然後為字典中的每個單詞標上合適的成本值，並在分字時選擇總成本最低的語素串輸出。而每個單詞的成本是用機器學習決定的。至於可用的字典，除了MeCab標準安裝時預設的IPADic（日本情報處理推進機構〈IPA〉公開的研究用IPA語料庫字典）外，還有在

語素分析的結果一例

輸入文章：**お土産用にクッキーを買いました。（買了當伴手禮用的餅乾。）**

お	接頭詞，名詞接續	,*,*,*,*,お,オ,オ
土産	名詞，一般	,*,*,*,*,土産,ミヤゲ,ミヤゲ
用	名詞，接尾詞，一般	,*,*,*,用,ヨウ,ヨー
に	助詞，格助詞，一般	,*,*,*,に,ニ,ニ
クッキー	名詞，一般	,*,*,*,クッキー,クッキー,クッキー
を	助詞，格助詞，一般	,*,*,*,を,ヲ,ヲ
買い	動詞，自立	,*,*,五段・ワ行促音便,連用形,買う,カイ,カイ
まし	助動詞	,*,*,*,特殊・マス,連用形,ます,マシ,マシ
た	助動詞	,*,*,*,特殊・タ,基本形,た,タ,タ
。	符號，句點	,*,*,*,*,。,。,。
EOS		

IPADic上加入大量新詞的MeCab-IPADic-NEologd等等。

最後再來說說語素分析時可取得的「詞類資訊」。文章是由字串連接而成。而文章或DNA序列這種由一系列更小資料串起來的資料，統稱為**序列資料（sequential data）**」。在語素分析中，對於文章這類序列資料，會先加上詞類資訊後再進行處理。這種附加在資料上的資訊俗稱「**標註**」或「**註釋**」，而對序列資料加上註釋資訊的工作則稱為「**序列標記（sequence labeling）**」。關於序列標記，我們留到「附註釋語料庫與雙語語料庫」（參照P.98）再來解說。

處理字典中沒有的未知詞

系統的語素解析所使用的字典中沒有註冊的單詞稱為「**未知詞（unknown word）**」。比如在日本「2021新語・流行語大賞」中入選的「黙食」，這個詞是指在吃飯時不講話，即「默默地吃」。對這個詞進行語素分析時，有時電腦會把「黙」和「食」分成兩個詞，**認不出「黙食」是一個單詞**。在處理這類資料時，就必須思考如何處理未知詞。雖然也可以**每次出現未知詞時就註冊到字典上**，但這方法非常費工。因此後來又出現了用大量語料庫取代字典，藉以預測單詞分割位置的SentancePiece等軟體。

文字探勘的具體例子

前面說到美咲開始對消費者評論進行語素分析。她統計評論資料中出現的單詞，並嘗試製作一種俗稱「**文字雲**」的視覺化視圖，讓統計結果更容易被直覺理解。然而，美咲卻完全看不懂輸出後的圖。所謂的文字雲，是一種**依照文字的出現頻率來放大文字大小，並將之轉換成圖片**的視覺化方法。下面就讓我們用具體的圖片，看看用這份消費者評論資料生成的文字雲長什麼樣子吧。

美咲製作的文字雲是次頁的左上圖。結果出現最多次的是「が」、「に」等助詞，以及「ます」、「ました」等助動詞。從這張圖完全看不出來到底哪種意見最多。

不過文字探勘本來就必須按照目的或視圖結果不斷嘗試犯錯。而上圖便是一個反覆嘗試並改進的例子。

■ 文字雲的結果一例

①

②

③

④

① 沒有預處理

② 將範圍縮限在名詞、動詞、形容詞等特定詞類

③ 將②的動詞或形容詞轉換成終止形

④ 將無助於分析的單詞從③中去除

④中去除的單詞是資訊量較少的詞語，俗稱「**停用詞**」。此例中的停用詞除了「いる（有）」、「する（做）」等動詞，還有「これ（這個）」、「私（我）」等代名詞外，為了讓焦點集中在購買餅乾後的感想上，也加入了「買う（買）」、「購入」等出現頻率高很但不影響評論的詞彙。分析的結果會隨停用詞的具體內容而改變。而從④這張圖可以看出，對於這款老牌餅乾產品的「味道」方面，消費者大多是因為「**美味しい（好吃）**」、「**プレゼント（送禮）**」而購買，此外也有一些評論提到了「**パッケージ（包裝）**」的部分。

提取重要的單詞

網路評論的文字量往往長短不一，其中也會有些很長的文章。在先前的例子中，可以看到「好吃」這個單詞經常出現，但這也有可能是因為某一位評論者在長篇評論中頻繁提到這個詞所致。而以下將介紹一個用來從這類長篇文章中提取出重要單詞的「**TF-IDF法**」。

「TF（Term Frequency）」即**詞彙頻率**的意思。詞彙頻率就相當於文字雲中的字體大小。另一方面，「DF（Document Frequency）」是**文檔頻率**，換言之就是這個包含這個單詞的文句在所有評論中一共出現了多少次。而「IDF（Inverted Document Frequency）」則叫「**逆向文檔頻率**」，是**文檔頻率的倒數**（分子為評價總數，分母是DF）。

TF-IDF就是將TF和IDF相乘求積的方法。下圖是評價總數（N）為10時的計算範例。在評論A中，「好吃」的TF值很高，而「包裝」則是TF-IDF很高。換言之從整體評論來看，在評論A出現的單字中，「包裝」比「好吃」更重要。

TF-IDF法的計算範例

TF

	評論A	評論B
好吃	7	2
送禮	1	2
包裝	3	0

DF, IDF （N＝10）

	DF	IDF*
好吃	5	0.30
送禮	4	0.35
包裝	1	1

TF×IDF

	評論A	評論B
好吃	2.1	0.6
送禮	0.35	0.7
包裝	3	0

*由IDF＝log（N/DF）算出

總結

- NLP必須進行預處理，使資料更容易分析。
- 預處理工作包含字元編碼、字詞正規化、單字分割等等。
- 可以使用TF-IDFT法抽出文章中的重要單詞。

19 語言模型與分散式表徵

在理解了自然語言處理（NLP）的分析流程之後，我們就可以將原始語料庫轉換為語言模型或分散式表徵。透過分散式表徵將字詞輸出成向量形式，就可以運用向量來計算單詞的類似程度，或將其用於多個任務的輸入資訊。

預測單詞出現機率的語言模型

在前一節，我們介紹了如何用電腦統計生語料庫中的單詞，並將其視覺化的過程。本節，我們將進一步介紹如何將單字轉換成向量，這對機器學習來說是不可缺少的環節。以下就讓我們一邊看看具體例子一邊介紹吧。

■ 人類跟電腦的差別

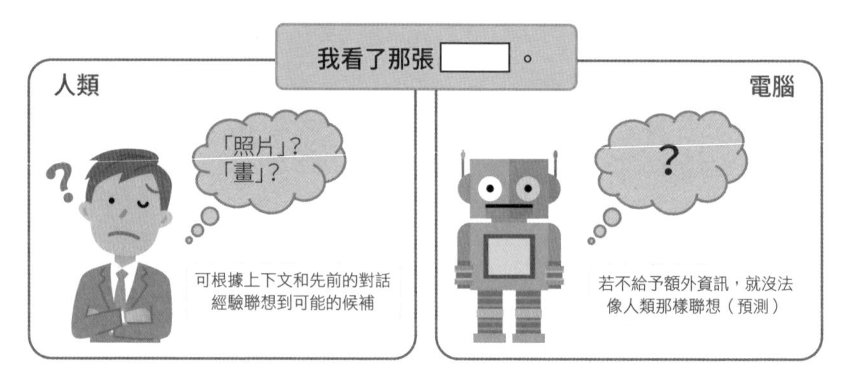

請問圖中的＿＿部分應該填入什麼呢？相信多數人會聯想到「照片」或「畫」等名詞吧。人類可以根據過去的經驗**推論出文法的知識**，比如用動詞的「看」來推測可能的受詞，或是從量詞的「張」來推理後面的名詞是什麼。但要讓電腦學會這種文法規則，就需要輸入生語料庫的資訊給電腦學習。

下面我們要介紹讓電腦能夠「使用生語料庫預測單詞」，在NLP中最基本且重要的模型──**「語言模型（language model）」**。所謂的語言模型，就是利用生語料庫來**計算特定文章表現或單詞出現機率的模型**。譬如下圖所示，根據生語料庫中出現的單詞，來計算「張」後面出現「照片」的機率。

這種根據前一個字詞來計算下一個可能字詞的模型，稱為「**二元語言模型（bigram language model）**」。

正確計算出下一個字詞的能力，對語音辨識中將語音轉換成文章，以及機器翻譯生成文章來說非常重要。分散式表徵（參照P.93）以及後述的BERT（參照P.116）、GPT-3（參照P.122），全都是從二元語言模型的研究發展而來。

■ 以二元語言模型為例

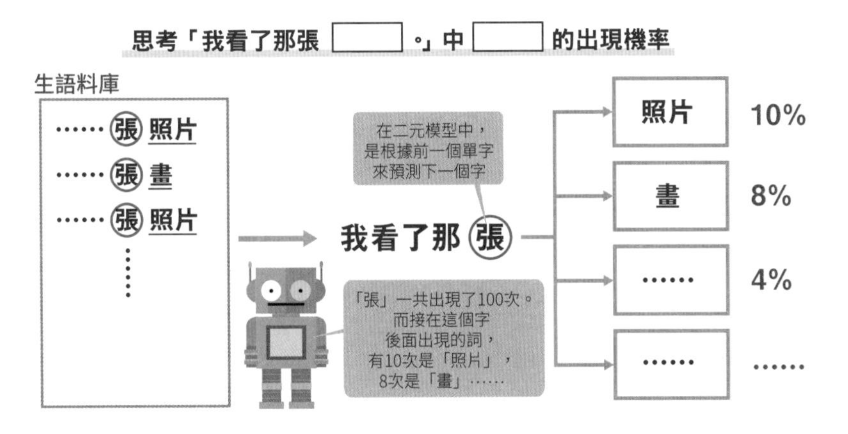

為什麼要用向量表示單詞？

我們在第一章中介紹過「**特徵（feature）**」的概念，即人類在解決認知問題時，用於辨識事物的事物性質。而在NLP的領域，為了讓電腦能夠處理，一般會用**向量**來表現特徵。所謂的向量，即是**具有方向和大小的量**。

用個簡單的例子來認識向量吧。這裡我們試著用向量來表示「餅乾」、「糖果」、「洋芋片」（P.92的圖）。

圖中的座標軸叫「**維度**」，而「餅乾」可以用「甜－辣」和「軟－硬」的二維向量來表示。除此之外，也可以再增加「氣味」、「外觀」等維度來**增添「餅乾」這一概念的表現力**。要讓電腦處理文本資料，就必須將字詞轉換成數值資訊，比如用上面的向量來表示。這種依照特定規則的轉換稱為「**編碼（encode）**」。下面，我們將繼續介紹將單詞轉換成向量的方法。

■ 向量表示一例

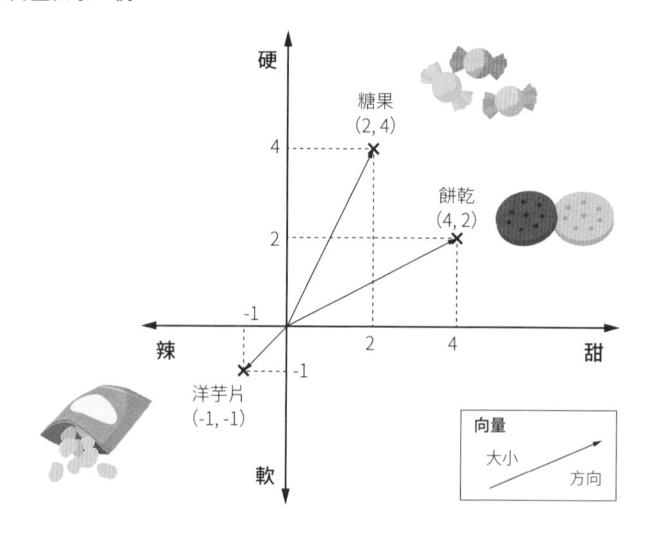

將單詞轉換成0或1之向量值的獨熱編碼

首先是「**獨熱（one-hot）編碼**」。所謂的獨熱編碼，也就是**把某個要素轉換成1或0的向量**。比如，假設某篇文章中出現了n種單詞（語彙數）。此時，我們就可以用獨熱編碼創造一個n維向量。換言之，每個單詞都可以一個n位數來代表。然後使這n個數值中，有n－1個（n＝5的話就是4個）的值是0，只有1個的值是1。至於哪個單詞的哪個位數是1，則按以下的順序決定。

① 替每個單詞加上ID（1、2、3、……、n）

② 如果某單詞的ID是i，那就用第i位數是1，其他位數都是0的n維向量來表示。

③ 重複②的步驟，從i＝1、i＝2一直到i＝n，為所有單詞都創造向量。

舉例來說，假如某文章的語彙數是100，而「餅乾」的ID是20，那麼「餅乾」就是一個100維中第20維是1，其他所有數都是0的向量。在獨熱編碼中，若語彙數愈多，則**向量的長度愈長**。這種長度會變動的編碼方式叫「**可變長度（variable length）編碼**」。可變長度的編碼會增加電腦的運算負擔，導致計算更費時或記憶體不足無法計算等情況。

向量長度不變的分散式表徵（CBOW和Skip-gram模型）

而「**分散式表徵（distributed representation）**」便是為了解決獨熱編碼的問題而想出的方法。不同於獨熱編碼，分散式表徵的向量可以固定為任意長度（**固定長度編碼**）。由於這種編碼是將單詞嵌入固定長度的向量空間，因此又被稱「**詞嵌入（word embedding）**」。

■ 獨熱編碼與分散式表徵的差異一例

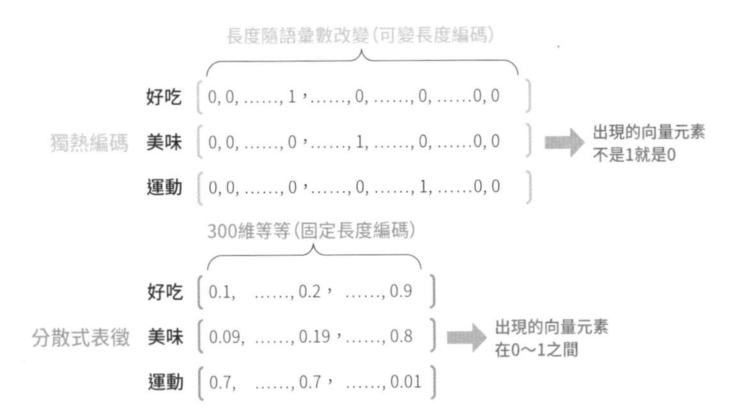

分散式表徵的原理是基於「在相似脈絡中出現的兩個單詞通常擁有相似意義」的「**分散假說（distributional hypothesis）**」。舉例來說，從前面的消費者評論資料中篩選出有出現「美味」或「好吃」的評論時，假如這兩個單詞前後出現的單詞是「非常」和「餅乾」，那麼根據單詞的上下文資訊和分散假說，電腦就能推斷「美味」和「好吃」的意義很大機率是一樣的。這裡我們用分散式表徵的代表性模型「**連續詞袋模型（CBOW）**」和「**連續跳躍式模型（Skip-gram）**」來加深各位的理解。

■ 分散假說的概念

生語料庫

這個餅乾 非常	**美味**	，超推薦…
這種餅乾 非常	**美味**	！
這餅乾 非常	**好吃**	，讓人上癮…
這個餅乾 非常	**好吃**	，我很喜歡…
…… ⋮		
…… ⋮		

➡ 美味≒好吃

●連續詞袋模型（Continuous Bag of Words Model，CBOW）

CBOW是一種**使用神經網路進行學習**時取得分散式表徵的方法。神經網路由輸入層、中間層、輸出層構成（參照P.27），而在CBOW模型中，這三層分別負責下列工作。

輸入層：將單詞轉換成獨熱編碼

中間層：將獨熱編碼的向量轉換成固定長度編碼的向量

輸出層：各單詞的出現機率

CBOW通過學習更準確地計算單詞出現概率來**調整中間層的參數**，從而獲得分散表示。其中要預測的單詞稱為「**目標詞（target word）**」，而目標詞附近出現的單詞稱為「**語境詞（context word）**」。而CBOW便是一種用目標詞前後出現的單詞，即語境詞來預測目標詞的模型。P.95左圖的「相機」就是目標詞，而「我」、「用」、「拍」、「照」則是語境詞。

●連續跳躍式模型（Continuous Skip-Gram Model，Skip-gram）

Skip-gram模型跟CBOW相反，是用目標詞去推算語境詞出現機率的模型（P.95右圖）。

這兩種方法都可以使用向公眾開放的「**word2vec**」工具自己嘗試。若想試用word2vec的話，推薦使用開源軟體「**gensim**」的函式庫。**函式庫（library）**指的是將具有特定功能的程式定型化，可被其他程式調用的檔案。順帶一提，可以輸出日文分散式表徵的「chiVe」等軟體也是使用gensim的函式庫。在chiVe中，你可以試用用國立國語研究所的日本語網路語料庫（NWJC）訓練的，基於Skip-gram的分散式表徵。

■ CBOW（左）與SG（右）

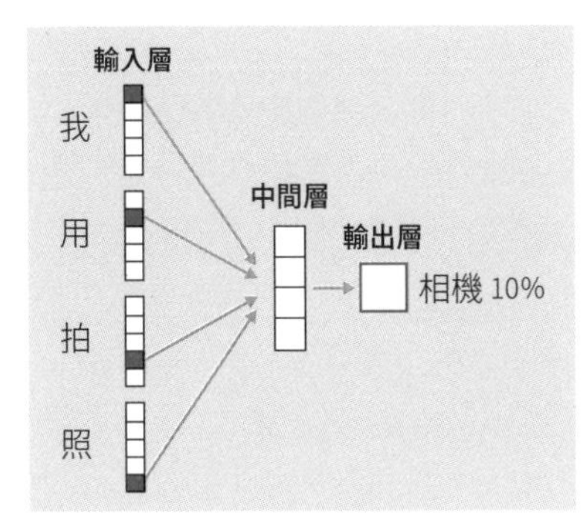

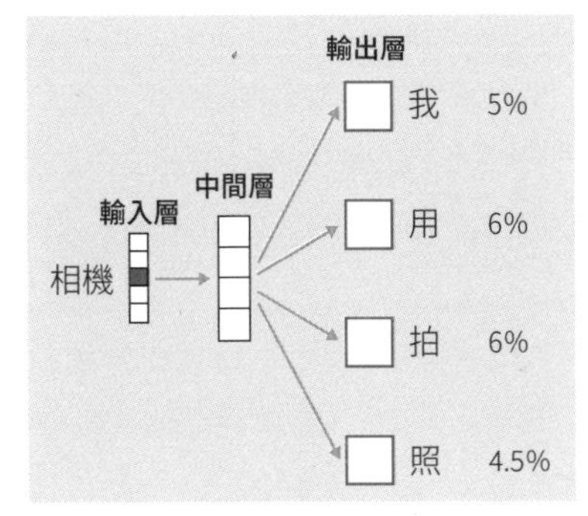

出處：參考Ledge.ai「Word2Vec」（https://ledge.ai/word2vec/）的說明圖製作

分散式表徵的優點

①可以計算單詞之間的相似度

我們在P.92頁介紹過如何用向量表示「餅乾」、「糖果」、「洋芋片」等字詞。而如下圖所示，若使用分散式表徵的話，我們還可以進一步計算「餅乾」和「糖果」這**兩個向量的夾角**，從而用角度來表現兩個概念的差異度。**角度小代表這兩個詞很相似**，可以說它們的「相似度很高」或「距離很近」。根據下圖，我們可以說「餅乾」比起「洋芋片」更類似「糖果」。另外，我們還可用餘弦將角度轉換成－1到1之間的值，這個概念叫「**餘弦相似性（cosine similarity）**」。將語料庫中的單詞向量化，然後計算它們的餘弦相似性，也能用來尋找一個單詞的相似詞（比如「相機」跟「照相機」）。餘弦相似性的計算方式用兩個向量相

■ 餘弦相似度

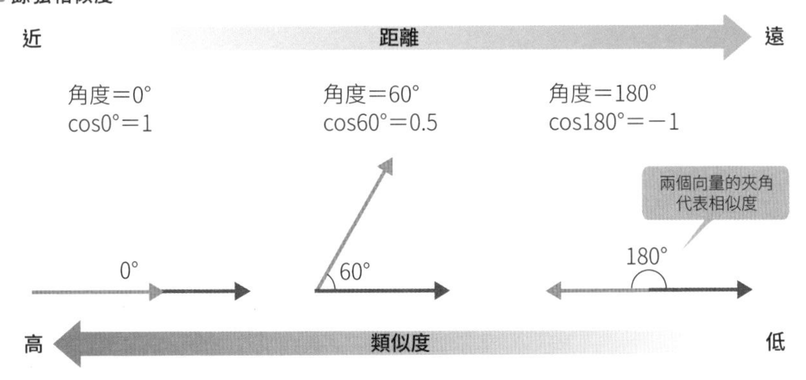

乘（內積）。

②可以用單詞進行數學運算

將各單詞的概念轉換成向量，就能對它們進行**加法或減法等數學運算**。比如某單詞A的分散式表徵算出的向量可以寫成vector（A）。有個有名的例子便是用vector（queen）和vector（king）進行運算。Vector（queen）可以拆解成以下算式：

Vector（queen）＝vector（king）－vector（man）＋vector（woman）

同理，vector（咖哩烏龍麵）也可以拆解成以下算式（下圖）。

Vector（咖哩烏龍麵）＝vector（咖喱飯）－vector（米）＋vector（烏龍麵）

③可以作為NLP多個任務的輸入資訊

NLP可以做的工作有很多種，包含稍後第20節將會介紹的「文書分類」和「詢答」等等。使這些工作彼此互通，就有可能共享知識或提高模型精度。這些工作通常俗稱「任務」。而分散式表徵將單詞轉換成了固定長度的向量，就等於將單詞轉換成一種**可同時作為NLP多種任務輸入資訊的形式**。下一節我們會用具體的例子解釋這句話是什麼意思。

■ **透過單詞的分散式表徵進行數學運算**

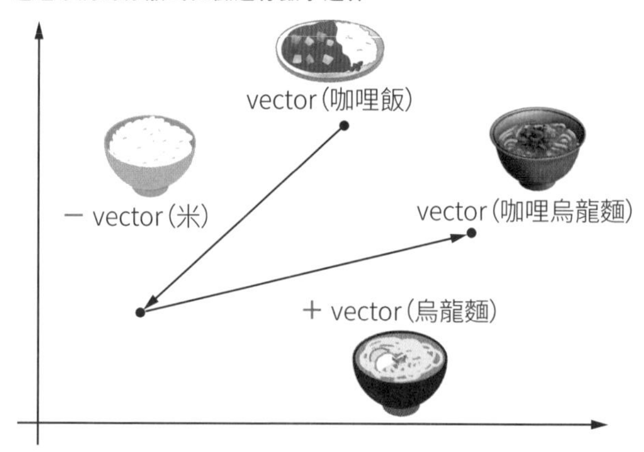

分散式表徵的利用例（分群）

最後，我們將用第18節的例子簡單說明分散式表徵的利用方法。

美咲為了分析某款老牌餅乾產品的消費者評論，用評論資料製作了文字雲（參照P.88）。用文字雲以視覺化圖表大略看出哪些單詞的出現頻率較高後，美又想把相似的評論整理在一起，替意見分類。

此時美咲利用的方法是**分群**（參照P.44）。用分群將類似的評論整理在一起，即可我掌握消費者的偏好或價值觀偏向。我們在第11節（參照P.55）和第47節（參照P.222）節介紹過**k-means**這個分群方法，而在此例中，可以按照以下的步驟對消費者評論分群。消費者評論的向量化或k-means法的群數必須透過反覆嘗試才能確定。

- 用語素分析對第一條評論做單詞分割
- 用分散式表徵將分割後的各單詞向量化
- 計算該條評論出現的所有單詞的向量平均值
- 對第二條及之後的所有評論進行相同處理
- 將所有評論向量化後，用k-means法分群

總結

- **語言模型會用生語料庫計算文章表現或單詞的出現機率。**
- **運用固定長度的分散式表徵，可以計算單詞的相似度。**
- **解決NLP的任務時，可以利用分散式表徵將單詞轉換成向量。**

20 標注語料庫與雙語語料庫

前一節我們認識了進行NLP前的準備工作。本節，我們將以兩種語料庫為核心，講解NLP可以用於什麼樣的任務。此外，我們還會順便介紹評量機器學習系統的評價指標。

附帶語法解釋的標注語料庫

在一定數量的生語料庫附上語法解釋的語料庫，就叫「**標注語料庫（annotated corpus）**」。「標註（aanotation）」指的就是註解。本節我們將介紹兩種標註語料庫，以及它們分別能利用在何種任務上。

●序列標記

關於序列標記，我們在第18節的語素分析（參照P.87）中說明過。在做語素分析時，我們會分割文章中的單詞，然後**替每個單詞標上它的所屬詞類等資訊**。替文章（序列資料）附上詞類標註，做成標註語料庫餵給模型學習，模型就能預測這個詞類資訊。

除了詞類以外，有時也會用「**命名實體（named entity）**」當標註。所謂的命名實體，其實就是人名、地名、組織名稱等專有名詞，以及日期和時間等數值的總稱。辨識文章內命名實體的技術叫「**命名實體識別（Named Entity Recognition，簡稱NER）**」。而命名實體識別也是序列標記的一種。

這裡我們以第18節的消費者評價（參照P.84）為例，具體看看如何為語料庫加上命名實體的標註。P.99的表格即是命名實體識別的標註範例。如表中「B-日期」等項目所示，每個單詞都會被貼上代表命名實體開始的「B（Begin）」、代表屬於命名實體的「I（Inside）」、代表不屬於命名實體的「O（Outside）」這三種標記。這種標記法叫「**BIO標記法**」。

辨識出命名實體後，**就能用詞類之外的另一個角度提取出文章中的資訊**，比如競爭公司的名稱或產品名稱等。只要設定好要提取的命名實體，然後替生語料庫加上BIO標記，就能建立一個標記語料庫。至於學習的方法，包括透過計算一篇文章在輸入後成為BIO 標註列的條件機率（在某一條件下另一事件發生的機率）求得的「**條件隨機場（Conditional Random Field，CRF）**」；以及深度學習的「**BERT**」（參照P.116）等等。

■ **命名實體識別的標記範例**

單詞列	BIO標記列
翔太	B-人名
在	O
2022	B-日期
年	I-日期
買了	O
AI	B-組織名
製菓	I-組織名
的	O
餅乾	O

●文書分類

序列標記是替文章中的文字列加上標記。而不是替文字列，而是基於特定規則，對整個文章進行分類的任務則叫「**文書分類**」。**預測新聞報導的「政治」、「經濟」、「國際」等類別也是文書分類的一種**。除此之外，前面介紹過便是一段文字內容是肯定情緒還是否定情緒的情緒分析（參照P.82），這也是一種文書分類。

在做分群時，有時群的數量雖然可以自由調整，分類的基準卻可能變成跟人類原本想要的不一樣。而使用文書分類的話，就能自己**定義想要的分類基準，由人類加上註解**。

讓我們繼續用消費者評論的例子，看看文書分類要如何建立訓練資料。這裡我們替正面意見標註「0」，替負面意見標註「1」，使用二元分類。如果想再單獨分出既不屬於正面也不屬於負面的意見，則可以改成「正面」、「負面」、「中立」三值，依照想預測的粒度改變類別數量。至於學習的方法，則可使用監督式學習的「**隨機森林**」（參照P.204）或「**BERT**」（參照P.116）等等。

■ 文書分類（情緒分析）的標註範例

標註	消費者評價
0	這種餅乾很適合配酒！當初買對了。
1	CP值太低。商品B更好。
⋮	⋮
0	我喜歡它有奶油香。下次還會買。

※標註「0」：正面意見；標註「1」：負面意見。

由翻譯前和翻譯後文章配對組成的雙語語料庫

在處理機器翻譯任務時，必須準備一個生語料庫中包含兩種語言互相對譯的文本對的語料庫。這種語料庫稱為「**雙語語料庫（bilingual corpus）**」，由原始語言和目標語言（參照P.76）成對組成。

■ 雙語語料庫範例

原始語言（英語）	目標語言（餅乾）
I ate a **cookie**.	我吃了一塊**餅乾**。
The **cookie** was sweet.	那塊**餅乾**很甜。

使用大量雙語語料庫，讓模型以統計方法學習不同語言之單詞的對應關係和如何重組文法順序的翻譯方法叫「**統計式機器翻譯（Statistical Machine Translation，SMT）**」。SMT的代表性模型有「IBM模型」，而P.101上方的圖解釋了這種模型所使用的「**字詞對齊（word alignment）**」概念。舉例來說，圖中的2個句子中，分別是出現了英文和日文的「餅乾」（cookie和クッキー）。而模型在學習過程中，會漸漸認識到這兩個詞存在對應關係，亦即「cookie」有很高機率會翻譯成「クッキー」。而讓模型計算更多雙語語料庫的對應關係後，最終它就能將英文翻譯成日文。

自2014年以來，科學家陸續發明了很多運用神經網路的「**神經機器翻譯（Neural Machine Translation，NMT）**」方法，且因為這種方法的精準度很好，故逐漸成為主流。具體的方法我們會在P.108之後介紹。

■ 字詞對齊的例子

另外，機器翻譯並不是把原始語言翻譯成目標語言的唯一方法。除此之外，雙語語料庫也被應用於以下用途。

■ 雙語語料庫的應用例

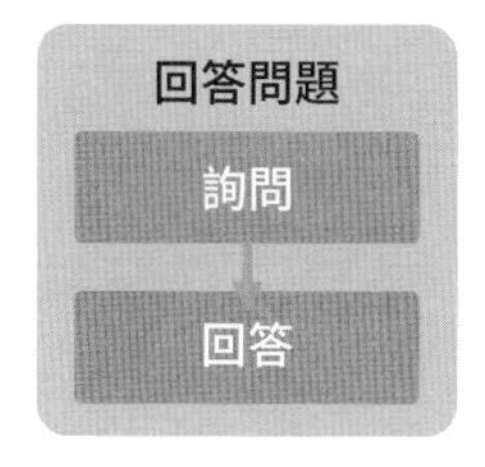

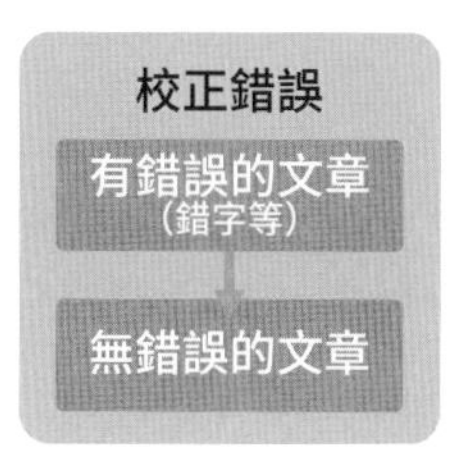

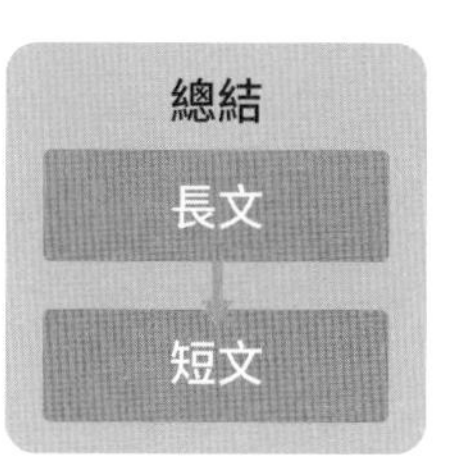

開放公眾使用的主要標註語料庫

目前開放公眾使用的標註語料庫主要有以下幾樣（日文語料庫）。

京都大學網路文書文首語料庫：大約5000篇附帶各種不同註解的網路文章頭三行文句。

Livedoor新聞語料庫：由RONDHUIT公司收集，盡可能去除HTML標籤後公開的九種新聞語料庫。

除前述的語料庫外，Papers With Code: The latest in Machine Learning的Datasets網站上也有公開許多語料庫，而且除了NLP語料庫外，也有**圖片、影片、聲音等資料集**（機器學習用的資料）。在該網站上還能用文書分類等任務來篩選資料集。

■ **Papers with Code的Datasets之Web網站**（https://paperswithcode.com/datasets）

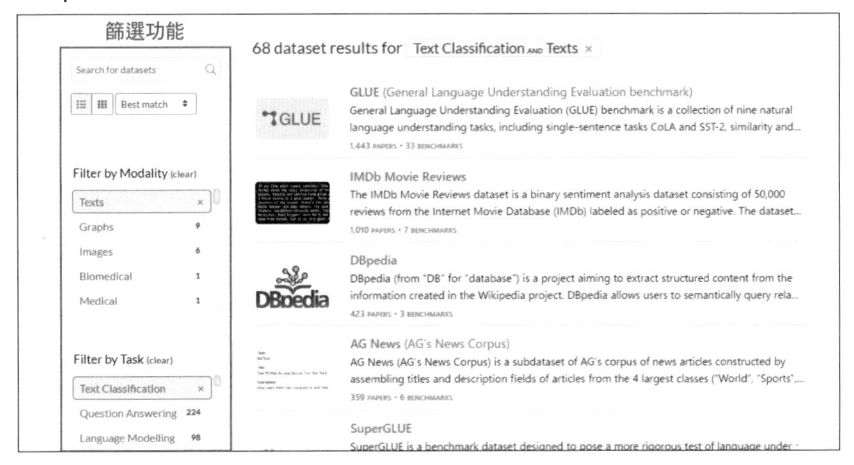

另外也可以參考日本資料分析競賽的平台。英文版網站有提供「Kaggle」（參照P.55），日文版有提供「SIGNATE」和「Nishika」資料集。這類平台也會提供公開的資料集，甚至舉辦與你想做的課題主題相似的競賽。

使用語料庫建構系統的評價指標

使用標註語料庫訓練模型，並建好系統後，接著還必須評估這個系統的性能表現。而評價指標主要有以下幾種。

・Recall、Precision、F-1 score

這個留到第五章再介紹。

◦BLEU（Bilingual Evaluation Understudy）

這是用來評價機器翻譯性能的代表性指標，其評量方式是「翻譯結果愈接近專業譯者的翻譯，則模型精度愈高」。

BLEU使用「**Ngram**」進行計算。Ngram指的是由N個連續單詞組成的序列，N＝1時叫一元語法（unigram），N＝2時叫二元語法（bi-gram），N＝3時叫三元語法（trigram），而N大於等於4時就叫N元語法（Ngram）。

而BLEU做的是，便是檢查N＝1～4時的翻譯結果跟正確翻譯的Ngram之間的一致性。然而這個方法並不是萬能的。讓我們看看具體的例子。

正確翻譯：	**These cookies are delicious.**
系統A的翻譯：	These cookies are very good.
系統B的翻譯：	These cookies are very bad.

■ **BLEU的計算原理（部分）**

○一元語法（N＝1時）

正解　：｛**These**, **cookies**, **are**, delicious｝

系統A：｛**These**, **cookies**, **are**, very, good｝

5組中有**3組**跟正解相同（3/5＝**0.6**）

系統B：｛**These**, **cookies**, **are**, very, bad｝

5組中有**3組**跟正解相同（3/5＝**0.6**）

○二元語法（N＝2時）

正解　：｛**These-cookies**, **cookies-are**, are-delicious｝

系統A：｛**These-cookies**, **cookies-are**, are-very, very-good｝

4組中有**2組**跟正解相同（2/4＝**0.5**）

系統B：｛**These-cookies**, **cookies-are**, are-very, very-bad｝

4組中有**2組**跟正解相同（2/4＝**0.5**）

上圖介紹了BLEU的一部分計算原理。當N＝1和N＝2時，系統A和系統B的得分其實完全相同。然而在人類看來，「good」的意思比「bad」更接近「delicious」，所以會感覺系統A的性能更好。由於BLEU（實際的計算更複雜一點）是**用單詞的一致率當指標**，所以在這個例子中兩系統的得分相同。目前研究者們也還在研究系統的評價指標。

總結

- **附有文字註解的語料庫叫標註語料庫。**
- **標註語料庫可用來做命名實體識別和文書分類等任務**
- **系統的評價指標有BLEU等指標。**

21 遞歸神經網路（RNN）

先前我們介紹了NLP的預處理和語料庫等知識，而在收集到足夠資料後，接下來要開始展開深度學習。首先要介紹的是NLP最常用的代表性深度學習方法「RNN」、「LSTM」、「Seq2Seq」。

適用於NLP的深度學習的出現

首先問問大家，你覺得下面這段例句的空格中應該填入什麼呢？

「昨天，我買了糖果和餅乾，吃光了所有餅乾。所以，今天我吃的是＿＿＿。」

如果是人類的話，應該都會根據前後文脈絡，認為答案是昨天購買後還有剩的「糖果」吧。而二元語言模型（參照P.91）是根據前一個出現的單詞來計算下一個詞的出現機率，但在這個句子中，**光憑前一個詞很難預測空格中的單詞**。因此，必須設法將前面的經過（脈絡）也轉換成電腦易於計算的形式，才能產生接近人類感覺的結果。

■ 運用深度學習的NLP方法的問世

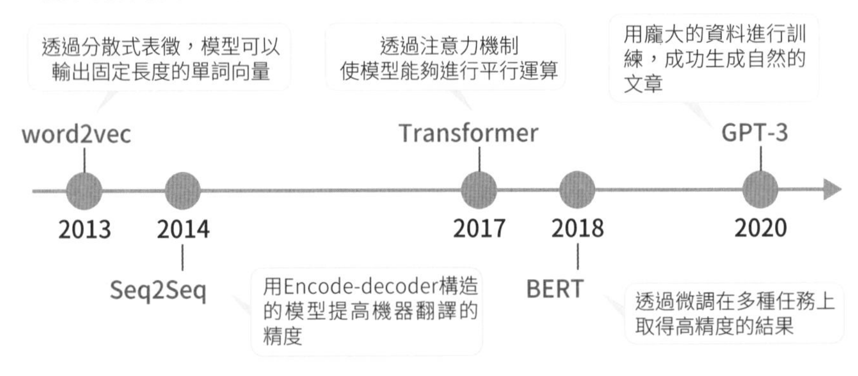

出處：參考 柴田知秀《深度學習孜然語言處理入門》（SlideShare出版）、emi hosokawa《自然語言處理（NLP）的進化與客服支援的應用》（Mobilus出版）製作

近年，隨著電腦的運算能力飛躍性提升，NLP也開始**使用深度學習方法**，讓語言模型能更靈活地表現脈絡資訊。而下面我們將講解NLP使用的深度學習方法。

首先簡單介紹這方面的歷史發展。自2013年分散式表徵的「word2vec」（參照P.94）問世後，**將深度學習運用在NLP中的方法**開始大量出現。P.104的圖按照時間順序列出了本書將介紹的代表性方法。時至今日，開發者們仍不斷致力解決傳統方法的缺點，使深度學習方法日益進化著。首先從基本的方法開始認識吧。

讓資訊循環進行學習的RNN

首先來看看「**RNN**」（參照P.65）。RNN是處理序列資料（參照P.87）時使用的一種神經網路。此方法不僅能用於NLP，也被應用在股價預測和語音、視訊辨識等領域。

RNN模型的特徵是擁有一個**循環的路徑（回饋循環）**，可在循環中一邊記住過去的資訊一邊學習新資訊。下面我們以P.90的例句「我看了那張照片」為例進行解說。

在看到例句中的「張」這個字時，模型會去計算空格內出現「照片」一詞的機率。這種運用了RNN的語言稱為「**RNN語言模型（RNN Language Model）**」。RNN的簡化示意圖如P.106的下圖左側所示。

神經網路由輸入層、中間層、輸出層這三層結構組成，RNN的基本構造也是如此。在輸入層輸入單詞時，模型會**使用分散式表徵算法把單詞轉換成向量**。圖的左側展開後就變成右側的樣子。簡單來說，右側的循環就是把單詞「張」之前的「我」、「看了」、「那」這幾個詞的資訊帶到中間層記憶起來。

然後模型會以能預測出「照片」這個結果為目標來學習中間層的參數。換言之，相較於二元語言模型，RNN語言模型可以**使用過去的資訊來預測「照片」**這個結果。以垂直方向來看，RNN同樣分為輸入層、中間層、輸出層三層，但在水平方向上，因為RNN使用了跟過去出現的單詞數量相同的神經網路層資訊，所以被歸類為一種深度學習方法。

■ RNN語言模型的構造

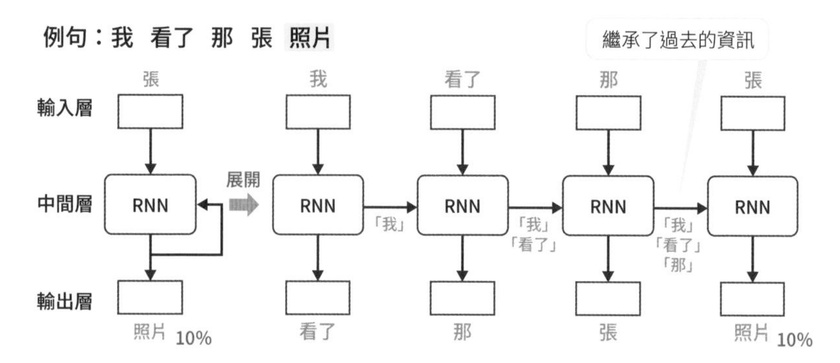

出處：參考 齋藤康毅《從零開始製作Deep Learning② 自然語言處理篇》（O'Reilly Japan出版）、植田佳明《認識遞歸神經網路「基礎中的基礎」～深度學習入門（第三集）》（I Magazine出版）製作

會取捨資訊選擇記憶的LSTM

大家還記得自己出生後發生的所有事情嗎？相信絕大多數人應該都沒辦法記住全部，只記得那些比較讓人印象深刻的事情吧。RNN的構造，就像是把一間餐廳創業之初的秘傳食譜一代代傳承下去。因此，對於那些古老的記憶，也就是那些**位置距離要預測的單詞比較遙遠的單詞，資訊通常很難反映出來**。

而下面要介紹的「**LSTM（Long Short-Term Memory，長短期記憶模型）**」則**擁有可取捨過去資訊，選擇要記住哪些事情的結構**。

■ RNN跟LSTM的差異

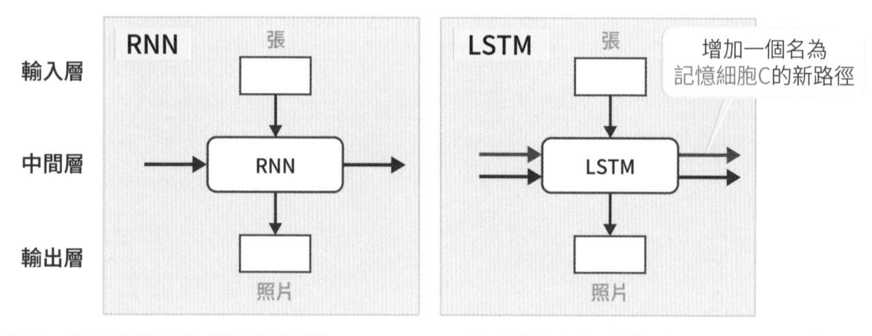

出處：參考 齋藤康毅《從零開始製作Deep Learning② 自然語言處理篇》（O'Reilly Japan出版）、Christopher Olah〈colah' s blog: Understanding LSTM Networks〉製作

RNN只有一條將過去的資訊從左側繼承到右側的路徑。而LSTM除這條路徑外又增加了另一條路徑。這條路徑叫「**記憶細胞C**」，具有保存過去記憶的功能。

下面是LSTM模型的中間層構造。LSTM的中間層引進了一種名為「閘門」的設計。閘門的功用就跟擋水的水門一樣，不是二元地選擇「輸入／不輸入」資訊，可以設定要**讓全部資訊的多少比例通過**。

LSTM的閘門概念

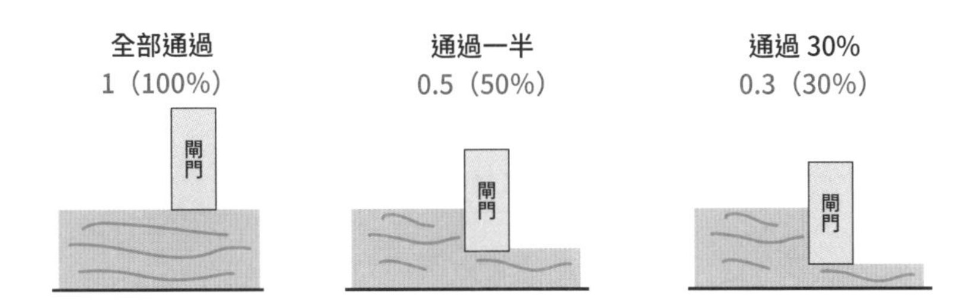

出處：參考 齋藤康毅《從零開始製作Deep Learning② 自然語言處理篇》（O'Reilly Japan出版）製作

LSTM的構造（概略圖）

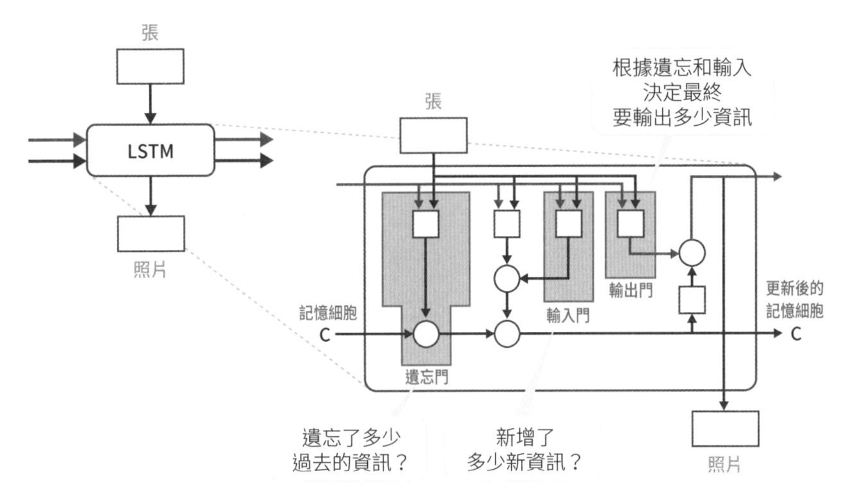

出處：參考 齋藤康毅《從零開始製作Deep Learning② 自然語言處理篇》（O'Reilly Japan出版）製作

在訓練時，這個比例會成為學習的參數。至於閘門和記憶細胞如何共同運作，則可參考P.107的圖。

P.107的圖是LSTM的概略圖。LSTM使用了**三種閘門**來決定要保留哪些資訊。下圖則是這三種閘門的用途。

在LSTM中，必須**調整數種不同的參數**才能調整下圖這三種閘門。但一般來說，參數的數量愈多，模型計算的時間就愈久。因此透過減少閘門數量來縮短計算時間的「**GRU（Gate Recurrent Unit）**」等模型也隨之誕生。

■ **LSTM的三種閘門**

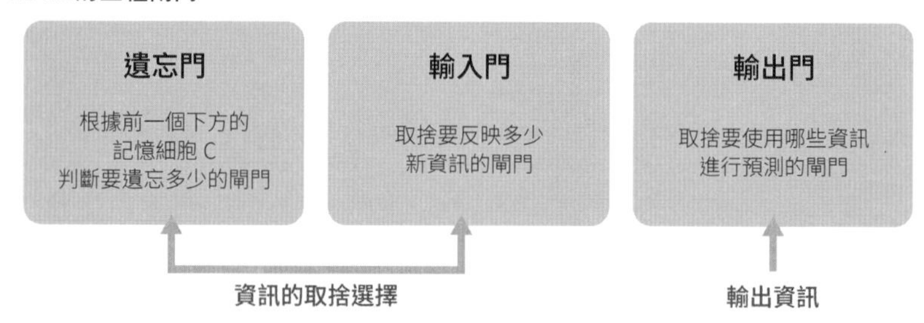

輸出序列資料的Seq2Seq

RNN和LSTM可運用過去的資訊來預測下一個單詞。那麼，如果想輸出的不是單詞而是序列資料的話，又該怎麼辦呢？

機器翻譯（參照P.76）就是一種**輸入序列資料後再輸出序列資料的任務**。為了應對這種任務，一種名為「**Seq2Seq（Sequence to Sequence）**」的模型應運而生。中文直譯的意思就是「序列到序列」。比如P.100的雙語語料庫部分介紹的神經機器翻譯就是一種Seq2Seq的模型。

Seq2Seq又叫「**encoder-decoder模型**」，由編碼器（encoder）和解碼器（decoder）兩部分組成。編碼氣負責將輸入的資料編碼（參照P.92）轉換成向量，而解碼器負責將編碼後的資料解碼（復原）。下面我們就來看看一個原始語言是日文，目標語言是英文的機器翻譯範例。

［原始語言］**私　は　写真　を　撮る**　→［目標語言］**I take pictures**

■ Seq2Seq的例子

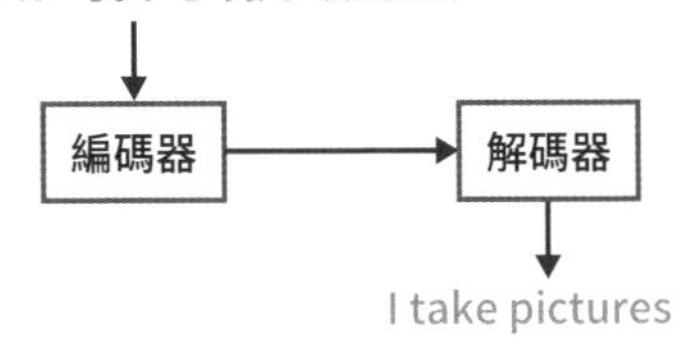

出處：參考 齋藤康毅《從零開始製作Deep Learning② 自然語言處理篇》（O'Reilly Japan出版）製作

Seq2Seq的構造如圖所示，編碼器和解碼器中使用了**LSTM**。**<EOS>**跟P.86一樣代表「文章的結尾」，**<BOS>**則是「Begin of Sequence/Sentence」的縮寫，是宣告「文章起點」的符號。

■ Seq2Seq的構造

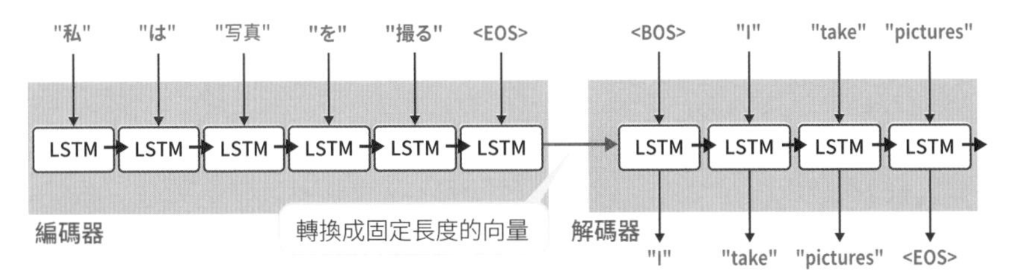

出處：參考Ilya Sutskever, Oriol Vinyals, Quoc V. Le〈Sequence to sequence Learning with Neural Networks, 2014〉製作

這裡的重點在於編碼器和解碼器的連接部分。編碼器做的不**是預測每個單詞要輸出什麼，而是彙整資訊並轉換成固定長度的向量**。然後解碼器會在輸入單詞後，生成後面最可能接的下一個單詞。這個構造就跟RNN和LSTM的語言模型相同。

總結

- **RNN是一種擁有循環路徑，用於處理序列資料的演算法。**
- **LSTM擁有可取捨資訊的閘門。**
- **Seq2Seq可運用編碼器和解碼器，根據序列資料輸出序列資料。**

22 Transformer

本節將介紹第23節「BERT」所使用的「Transformer」的概要，以及此模型最重要的「注意力機制」。Transformer現已被應用在預測蛋白質結構等各種領域上。

為Seq2Seq加上注意力，解決精度降低的問題

上節提到的Seq2Seq有個缺點：由於不論輸入的文本是長是短，都會生成固定長度的向量，因此**輸入的文本愈長，模型精度就愈低**。

比如下圖所示，當把例句1和例句2硬塞入相同長度的向量時，顯然字數較多的文章被壓縮的程度更高。因此，研究者想出了一個方法，那就是替Seq2Seq加上「**注意力機制（attention mechanism）**」。就像本書會用底線或底色來強調重要的名詞和概念，注意力機制也是用來強調。如P.111的上圖所示，我們用原始語言是日文，目標語言是英文的翻譯為例。注意力機制可將輸入文章中各個單字受到的關注程度變成參數，讓模型學習，並讓模型使用這個參數來生成目標語言的文章。

■ Seq2Seq的問題

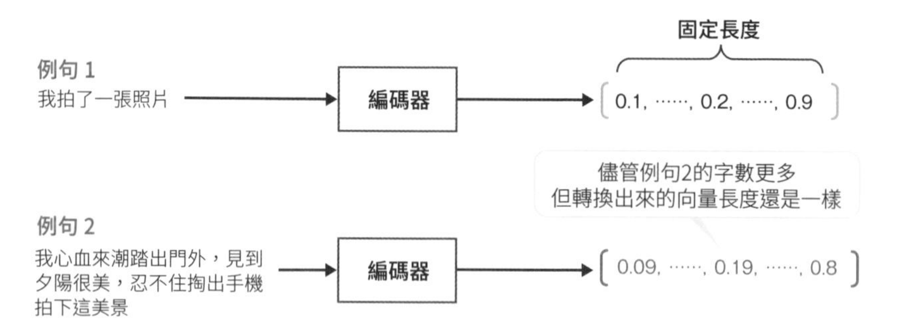

出處：參考 齋藤康毅《從零開始製作Deep Learning② 自然語言處理篇》（O'Reilly Japan出版）製作

■ 注意力參數的概念

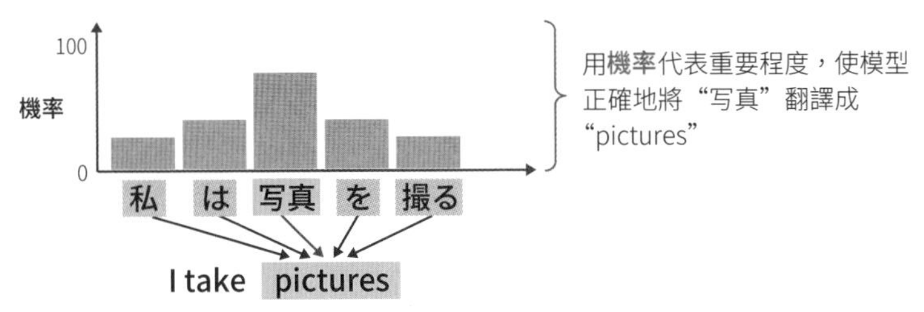

這種參數不是二元的「重要」或「不重要」，而是如上圖用機率來代表翻譯時用來對照的**原始語言中各單字的重要程度**，愈重要的單詞則機率愈高。

而先使用分散式表徵將輸入的單字向量化，再利用前述的參數計算「權重總和」後，就能得到「**脈絡向量（context vector）**」。換言之，脈絡向量就代表了編碼器中取得的「脈絡」。如下圖所示，脈絡向量的資訊會被放入解碼器要預測的單詞的中間層。透過這個資訊，即使輸入的文章很長，模型也能知道要注意文章的哪裡來預測下一個要生成的單詞，在機器翻譯任務中表現出更好的性能。

下圖是將「写真（照片）」翻譯成「picture」時的脈絡向量。其原理對單詞「take」的資訊（來自上方的箭頭）加上過去的資訊（來自左方的箭頭）和脈絡向量的資訊（橘色的箭頭），透過注意力來增加模型的表達能力。

■ 加上注意力機制的Seq2Seq結構

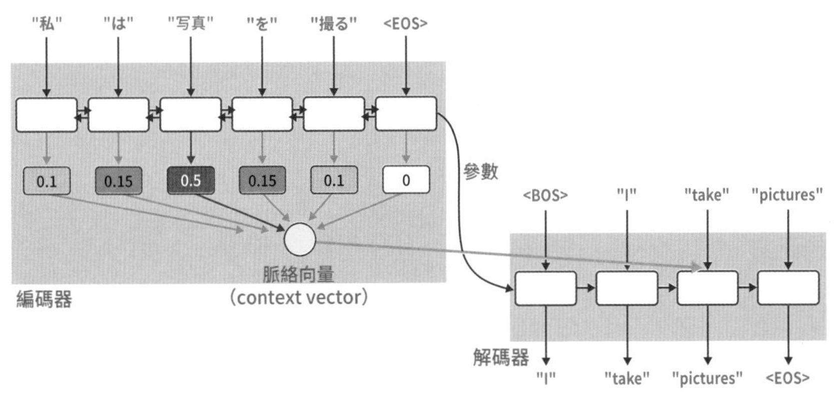

出處：參照 Thoth Children「注意力機制」（2018.12.8 PV935）／David S. Batista「The Attention Mechanism in Natural Language Processing – seq2seq」（2020.1.25）／TensorFlow「基於注意力的神經機器翻譯」製作

可平行計算的自注意力機制

注意力有很多種，而附帶注意力機制的Seq2Seq關注的是原始語言文章和目標語言文章之間的對應關係。以下我們要介紹Transformer所用的「**自注意力（self-attention）**」機制。這裡的「自」指的是關注「自己」文章的對應關係。

至於為什麼要關注自己的對應關係，我們可用下面的例句來理解。

I take pictures and send them.（我拍了幾張照片，並把它們發送出去。）

代名詞「them」指的是「pictures」，是一種回指關係（參照P.82）。而自注意力機制**可讓模型學會回指關係**。同時，自注意力的最大優點，在於**可以進行平行計算**。所謂的平行計算，指的是讓多台計算機合作處理同一件事。利用平行計算，就能縮短學習時間。在做深度學習時，縮短學習時間非常重要。畢竟若是光訓練模型就得花上數個月，很可能會讓人打退堂鼓，放棄引進AI。

在Seq2Seq或附帶注意力機制的Seq2Seq的神經網路層中，存在著RNN或LSTM這種循環路徑。由於這些演算法會去記憶過去的資訊，因此必須按照順序（逐次的）處理單詞這種序列資料。

但自注意力機制可以先找出輸入文章的各單詞之間的對應關係，以平行的方式計算。

最後，下面我們簡單認識一下自注意力機制的計算方法。

■ 自注意力機制的概念

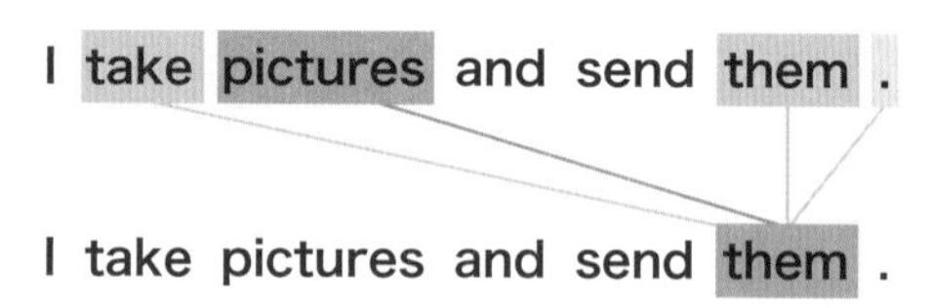

出處：參照Jakob Uszkoreit「Transformer: A Novel Neural Network Architecture for Language Understanding」（Google AI Blog）製作

■ 用自注意力計算相似度

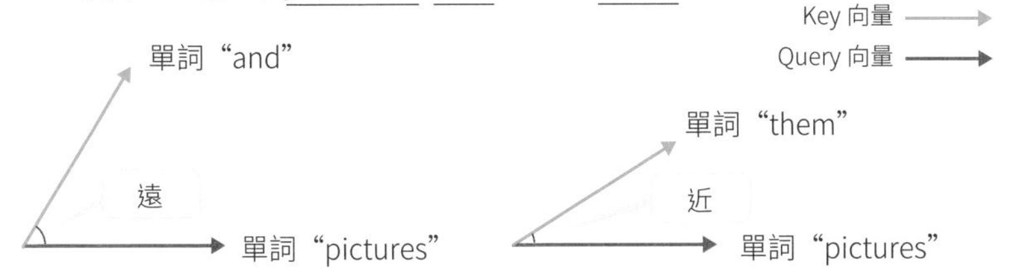

首先替每個單詞建立query、key、value這三個向量。這裡我們只解釋這三個向量中的其中兩個：query和key的計算方法。之所以要對同一個單詞建立三個向量，是**為了比較同一文章中的單詞關係**。如同在P.96說明過的，將單詞轉換成向量後，就能計算兩個單詞之間的相似度（關聯程度）；而Transformer是透過**比較query和key的向量來計算相似度**。在前述的例句「I take pictures and send them.」中，以「picture」為query，以「them」為key時，兩個向量的相似程度最高。接著再將相似度乘以value的向量，即可算出注意力參數，但這裡省略不談。

使用自注意力機制的Transformer

Transformer便是一種**引進了自注意力機制的模型**。透過引進自注意力機制，Transformer可以進行平行計算，比傳統模型縮短更多學習時間。

此外，Transformer也屬於P.108介紹過的**encoder-decoder模型**的一種。若用機器翻譯的例子來說明，雖然有點複雜，但基本上Transformer的構造就如P.114的上圖所示。編碼器和解碼器都使用了自注意力算法。而Transformer則是將P.114上圖中Nx的部分折疊了6次的多層神經網路結構。

Transformer的構造

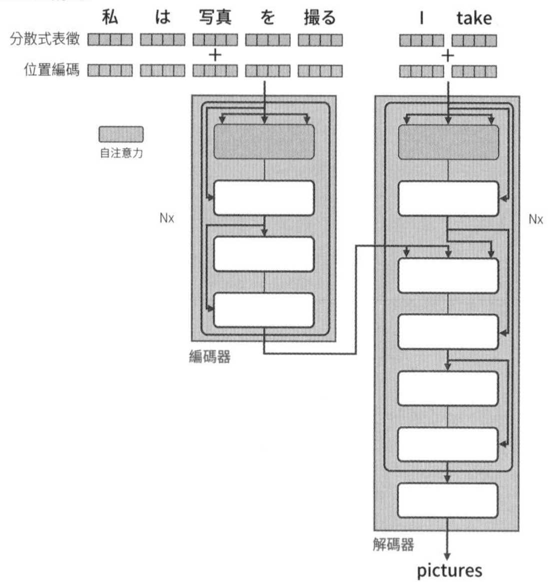

出處：參考 株式會社情報機構《自然語言處理技術 ～依使用目的選擇方法／提高模型精度的方法／對業務應用的建議》、Jay Alammar「The Illustrated Transformer」製作

位置編碼

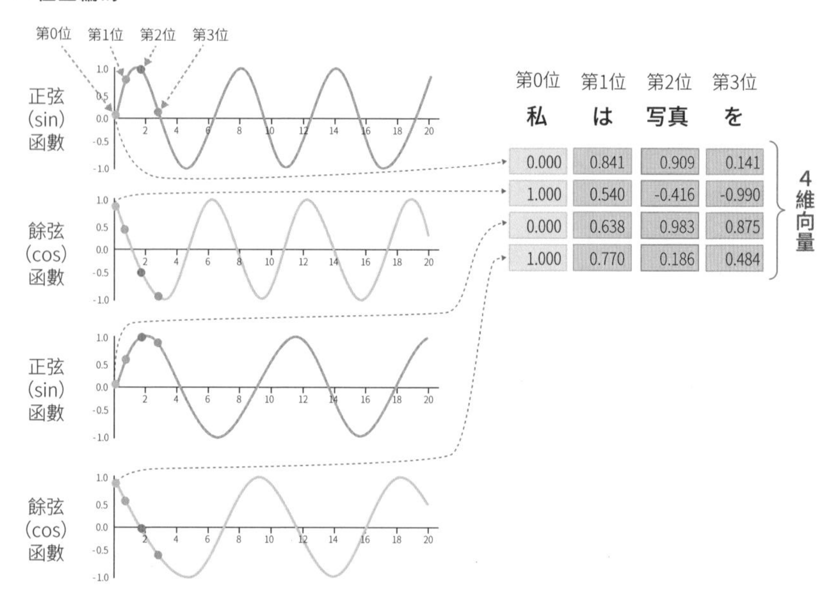

出處：參考 Kemeal Erdem「Understanding Positional Encoding in Transformer」製作

RNN或LSTM是用「記憶先前的資訊來預測下一個資訊」的原理來記住單詞順序。而Transformer則引進了一種叫「**位置編碼（Positional Encoding，PE）**」的機制來處理各單詞的位置資訊。這是一種利用三角函數的正弦（sin）函數和餘弦（cos）函數**將文章中的單詞順序向量化的技巧**。P.114的下圖便是將各單詞轉換成4維向量後的視覺化表現。向量的每個元素都是−1～1之間的值。將此機制結合到編碼器和解碼器的輸入中，就能**保存原始語言文章和目標語言文章的各單詞順序資訊**。換言之，Transformer結合了將各單詞用分散式表徵轉換而成的向量，以及用位置編碼取得的向量。

Transformer最初是為了機器翻譯任務而發明的，但現在它的應用範圍已不限於NLP，在各個領域都大顯神威。特別是在生物學領域，2020年時英國的DeepMind公司發表了使用Transformer技術的「AlphaFold2」。這個程式在預測蛋白質立體結構的競賽（CASP）上拿到了最佳成績。除此之外，以下還列出了其他Transformer的應用案例。

■ **Transformer的主要應用案例**

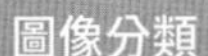

圖像分類

VIT：
Vision Transformer

語義分割

SegFormer：
Simple and Efficient Design for Semantic Segmentation with Transformers

動作（影片）辨識

Video Action Transformer Network

聲音辨識

Conformer：
Convolution-augmented Transformer for Speech Recognition

預測蛋白質立體結構

AlphaFold2

總結

- **附帶注意力機制的Seq2Seq改善了長篇文章的低精度的問題。**
- **Transformer的Network中擁有注意力機制。**
- **Transformer的應用範圍已擴大到圖像辨識、聲音辨識等領域。**

23 BERT

前面介紹的方法，都需要針對不同任務準備不同的學習用語料庫。但準備語料庫需要花費很多金錢和時間。因此，科學家們想出了透過預訓練和微調，讓單一模型能處理多種任務的方法。

利用預訓練和微調縮短學習時間

前面介紹的方法都必須準備專用的語料庫才能替模型進行訓練和評價，比如機器翻譯和文書分類要準備標記語料庫（參照P.98）或雙語語料庫（參照P.100）。而**這些準備工作很花金錢和時間**。

比如以準備一萬件文書分類用的資料集為例，假設閱讀一份文本並給它加上註釋所需的時間是30秒，那麼由一個人來做的話，一共需要花費大約80小時，每天工作8小時的話就需要10天。若再加上累積生語料庫和定義標記的時間，就需要更多時間了。

而「**預訓練（pre-training）**」和「**微調（fine-tuning）**」可以幫我們改善此問題。預訓練指的是**一開始先用大型的語料庫進行訓練**。而微調的意思則是先用預訓練建立語言模型後，再使用特定任務專用的標記語料庫調整語言模型中的各個參數。使用預訓練和微調的好處主要有以下兩點。

①減少需準備的標記語料庫數量

②縮短特定任務的學習時間

在NLP之中，有一個由Google發明，運用預訓練以及微調來提高模型輸出精度的技術，就叫作「**BERT（Bidirectional Encoder Representations from Transformers）**」。在BERT問世的2018年，圖像辨識領域早就開始使用預訓練和微調技術。而在BERT問世後，NLP領域也開始出現許多使用預訓練和微調的模型。

■ **BERT之前的模型與BERT之後的模型**

BERT 之前

特定任務的語料庫

BERT

一開始先用大規模語料庫訓練

將訓練好的模型轉用到別處

讓模型學習特定任務用的語料庫

大規模語料庫

預訓練

轉用

微調

特定任務的語料庫

可準備較少的資料集，縮短特定任務的學習時間

BERT的應用案例

大家說不定也在不自覺的情況下使用著BERT。其中一個例子就是**搜尋引擎**（參照P.77）。Google自2019年起就宣佈要將BERT引進搜尋引擎。下圖便是引進BERT前和引進後的比較圖。比如在搜尋引擎中輸入以下查詢詞。

查詢詞：**2019 brazil traveler to usa need a visa**

（譯：2019年巴西遊客到美國需要簽證）

■ **搜尋引擎的搜尋結果例**

出處：參考Pandu Nayak「Understanding searches better than ever before」（Google部落格）製作

在傳統的搜尋引擎中，因為搜尋引擎不知道「to」這個用來表達單詞間關係的**介系詞的重要性**，所以在左圖中最上面出現的是「美國公民去巴西旅遊」的資訊。而在引進BERT後，右圖的搜尋引擎變得能夠理解查詢的意圖，將跟查詢詞較相關的資訊顯示在上面。由此可見，BERT比過去的語言模型更能理解文章脈

絡。

BERT能表現出較高精度的任務

下表是BERT在公佈之初時能表現出較高精度的任務。「GLUE（The General Language Understanding Evaluation）」是一個自然語言模型的綜合評價基準，可評估語言模型在情緒分析、含義、等價性判斷等方面的性能表現。BERT在11種任務中創下了最高得分，在NER（參照P.98）方面也表現出極高的精度。其中更在一項使用了「SQuAD（Stanford Question Answering Deataset）v1.1」的測試中首次超越了人類的平均正確率，引起不小關注。SQuAD v1.1是一個詢答任務用的語料庫。具體內容是先顯示一篇Wikipedia的文章，然後再讓答題者回答跟這篇文章有關的問題。答題者需要正確地從Wikipedia文章中提取出跟問題和答案有關的部分。

■ **BERT創下最高精度紀錄的任務例**

基準	語料庫	概要
GLUE	1 MNLI	判斷輸入的兩篇文章的含義、矛盾性、中立性
	2 QQP	判斷兩個問句的意義是否等價
	3 QNLI	判斷敘述是否有回答到問句
	4 SST-2	判斷輸入的電影評論是正面意見還是否定意見（情緒分析）
	5 CoLA	判斷輸入文章的文法是否正確
	6 STS-B	判斷輸入的兩則新聞標題意義是否等價
	7 MRPC	判斷輸入的兩篇新聞報導意義是否等價
	8 RTE	判斷輸入的兩篇文章的含義
	SQuAD v1.1	從文章中找出提問的答案（詢答）
	SQuAD v2.0	SQuAD v1.1的擴充版本
	SWAG	從四個候選答案中選擇輸入之文章的後續文章

出處：參考 株式會社情報機構《自然語言處理技術 ～依使用目的選擇方法／提高模型精度的方法／對業務應用的建議》、Jacob Devlin Ming-Wei Chang Kenton Lee Kristina Toutanova「BERT: Pre-training of Deep Bidirectional Transformer for Language Understanding (2018)」製作

具備雙向性的BERT

首先來認識BERT的神經網路結構吧。BERT在**神經網路的內部（下圖中的「Trm」層部分）使用了Transformer**。它在內部堆疊了24層的Transformer，才

創下了P.118的最高精度紀錄。透過Transformer的自注意力功能，BERT能夠掌握一篇文章中兩個相距遙遠的單詞的對應關係，並藉由多層的Transformer增強了表達能力。

■ **BERT的結構**

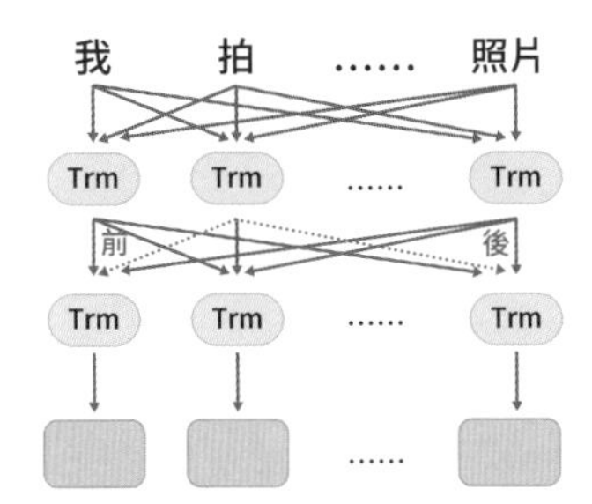

出處：參考Jacob Devlin Ming-Wei Cang Kenton Lee Kristina Toutanova「BERT: Pre-training of Deep Bidirectional Transformer for Language Understanding」、「Open Sourcing BERT: State-of-Art Pre-training for Natural Language Processing」（Google AI Blog）製作

請注意上圖中從Transformer層拉出的箭頭。BERT不只能根據前一個單詞預測下一個單詞，還能根據後面的單詞來推測前面的單詞，換言之是一個可進行「**雙向（bidirectional）**」預測的Transformer。在BERT問世前，「Open AI GPT（以下簡稱GPT-1）」等模型也早就想到堆疊多層Transformer的手法，但這些模型都只能根據前面的單詞來預測後面的單詞，屬於單向的模型。而BERT的雙向預測大幅提升了模型的脈絡理解能力。

BERT使用了16GB（3300萬個單詞）的生語料庫來進行雙向預測的預訓練。在預訓練時，BERT需要練習解以下兩種問題。

●單詞填空（遮罩）問題（Masked Language Model）

將生語料庫內一部分的單詞遮住（mask），讓模型去**推測被遮住的單詞是什麼**。此時，模型要使用被遮住單詞的前後文資訊來進行推測。

●下一句預測問題（Next Sentence Prediction，NSP）

在詢答任務中，重要的不是理解單詞，而是理解兩段文章間的關係。因此要訓練模型**根據給定的文章，預測這篇文章的後續內容**。

■ **預訓練的兩種問題範例**

① 單詞填空（遮罩）問題

Input ：The man went to the [1] . He bought a [2] of milk.
（（那位男士去了[1]。他買了一[2]的牛奶。））

Labels： [1]= store; [2]= gallon（[1]＝商店、[2]＝1加侖）

②下一句預測問題

Sentence A = The man went to the store.（那位男士去了那間店。）
Sentence B = He bought a gallon of milk.（他買了一加侖的牛奶）
Labels = IsNextSentence= B句接在A句之後：○

Sentence A = The man went to the store.（那位男士去了那間店。）
Sentence B = Penguins are flightless.（企鵝不會飛。）
Labels = NotNextSentence= B句接在A句之後：×

出處：參考Jacob Devlin Ming-Wei Chang「Open Sourcing BERT: State-of-the-Art Pre-training for Natural Language Processing」（Google AI Blog）製作

由於建立一個預訓練模型必須使用龐大的語料庫進行訓練，因此對運算資源的需求也很龐大。現在不少大學和企業都有公開預訓練模型，而BERT最大的好處，就是**可以直接拿這些模型來用，再透過微調輕鬆地讓模型學會處理特定的任務**。

比如Hugging Face公開的開源軟體「Transformers」，除了BERT之外，還可以使用多種模型。直至2022年10月，該軟體已支援超過200種語言。現在建構模型已比從前相對容易許多，有興趣的讀者可以自己研究一下。

而微調則能給預訓練模型再進行一點加工，使之可以應對各種不同任務。下圖是情緒分析的例子。

●其他模型

在2018年BERT問世之後，Facebook AI（現Meta AI）的「**RoBERTa（Rbustly optimized BERT approach）**」等許多改良研究也相繼公開，進一步提高的BERT模型的精度。比如RoBERTa就對BERT做了①拿掉前述的NSP訓練、②增加訓練資料等多種改良。除此之外，也有團隊開發了以下這些針對特定領域特化的BERT。

■ 微調的概念

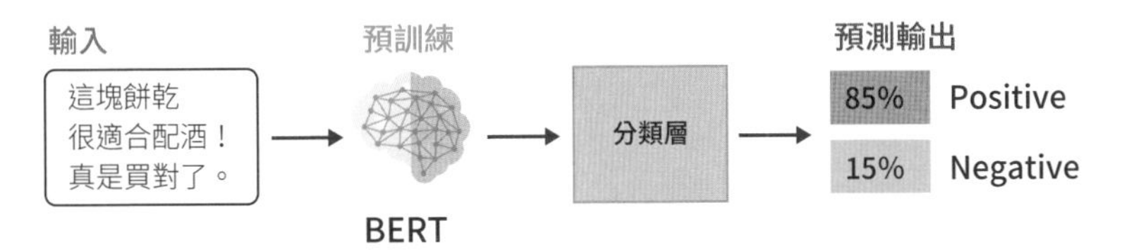

出處：參考Jay Alammar「The Illustrated BERT, ELMo, and co. (How NLP Cracked Transfer Learning)」製作

■ BERT的應用領域很廣

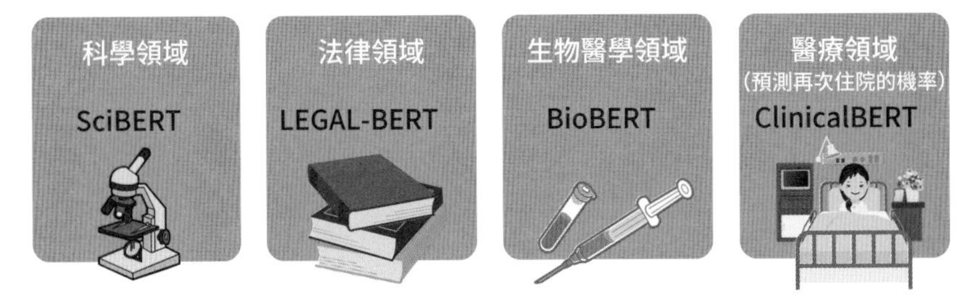

出處：參考 「BERT之後的預訓練模型趨勢與主要模型介紹！Part 1學習方法篇」（ELYZA Tech Blog）、Yuta Nakamura「醫療語言處理的BERT應用 —BioBERT、ClinicalBERT、以及一」製作

總結

- BERT是一種使用預訓練和微調的模型。
- 透過預訓練和微調，可以減少需要的語料庫數量。
- 公開之初，BERT就在多項任務上表現出最高的精度。

24 GPT-3

「GPT-3」是OpenAI開發的GPT（Generative Pre-Training）模型的第三代。此模型因生成的文章非常自然而大受關注。本節我們就來看看GPT-3能生成什麼樣的內容，以及它的特徵。

易於處理特定任務的三種學習方法

GPT-3的論文中首先介紹了「**zero-shot學習（zero-shot learning）**」、「**one-shot學習（one-shot learning）**」、「**few-shot學習（few-shot learning）**」。這三種學習方法的差別在於預訓練時使用的例題數量。下圖是分別用這三種方法將英文翻譯成法文的示例。

- zero-shot學習：只需說明任務就能解題
- one-shot學習：需要說明任務和1個例題
- few-shot學習：需要說明任務和10～100個例題

■ zero-shot學習、one-shot學習、few-shot學習的例子

zero-shot學習
請將英文翻譯成法文 ―― 說明任務
Cheese => ―― 想解的問題

one-shot學習
請將英文翻譯成法文 ―― 說明任務
sea otter => loutre de mer ―― 例題
Cheese => ―― 想解的問題

few-shot學習
請將英文翻譯成法文 ―― 說明任務
sea otter => loutre de mer ―― 例題
peppermint => menthe poivrée ―― 例題
plush giraffe => girafe en peluch ―― 例題
Cheese => ―― 想解的問題

出處：參考 Tom B. Brown等「Language Models are Few-Shot Learners」製作

前一節介紹的BERT使用了預訓練和微調技術，這雖然增加了建立模型時的便利性，卻還是存在準備微調用的資料集成本很高的問題。

而前面介紹的這三種學習方法就是用來解決此問題。微調模型時，通常需要使用特定任務用的語料庫來更新參數，而zero-shot學習、one-shot學習、few-shot學習**不需要更新參數**，目的是讓模型**只需說明任務和給予示例就能處理特定任務**。這概念就像是人類委託下屬或同事去處理工作時，向他們展示幾個範例，幫助他們理解工作內容。

GPT-3的特徵是龐大的參數數量

OpenAI在2018年公佈第一代的GPT-1，在2019年公佈第二代的GPT-3，然後在2020年6月發表了GPT-3。GPT-3的方法非常單純，就是透過**增加Transformer層數和預訓練來建立語言模型**。相較於GPT-1的12層，GPT-2的48層，GPT-3的Transformer增加到96層。如下圖所示，伴隨著層數增加，GPT-3神經網路中的參數數量也急速膨脹，成為GPT-3的最大特徵。多虧如此龐大的參數數量，GPT-3得以進行前面介紹的zero-shot學習。

■ GPT-3的參數數量

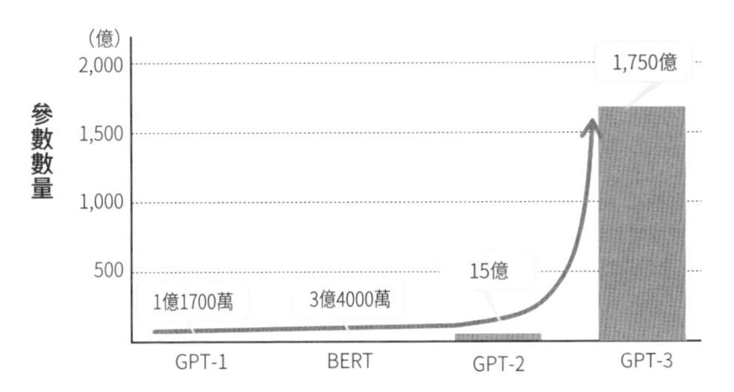

出處：參考Moiz Saifee「GPT-3: The New Mighty Language Model from OpenAI」（Towards Data Science）、《不停進化的超人AI》（日經BP Mook）製作

GPT-3生成的文章範例

令GPT-3受到行業關注的其中一起事例，是Manuel Araoz在部落格上發表的一篇名為「OpenAI's GPT-3 may be the biggest thing since bitcoin（OpenAI的

GPT-3或許是自比特幣以後最重要的發明）」的文章。這篇文章乍看之下只是普通的GPT-3介紹文，但讀到最後才會發現文末寫著「I have a confession: I did not write the above article.（我要自白：這篇文章其實不是我寫的。）」一行字。其實，這是一篇由GPT-3生成的文章，但文筆卻非常自然，跟人類相比毫不遜色。

GPT-3生成的文章到底有多自然呢？曾有研究團隊找了80名受試者做了一個實驗。實驗方法是讓受試者閱讀由GPT-3生成的新聞報導和人類寫的報導，然後讓受試者判斷「這篇是不是人類寫的文章」。結果，**正確判斷出「這是GPT-3生成文章」的受試者只有52%**。因為是二選一的題目，所以隨機亂猜的理論精準度也是50%左右。換言之，52%的正確率就跟隨機亂猜差不多，可見GPT-3生成的文章已自然到「無法分辨是人類還是GPT-3寫的」。

■ GPT-3生成之文章的品質評價

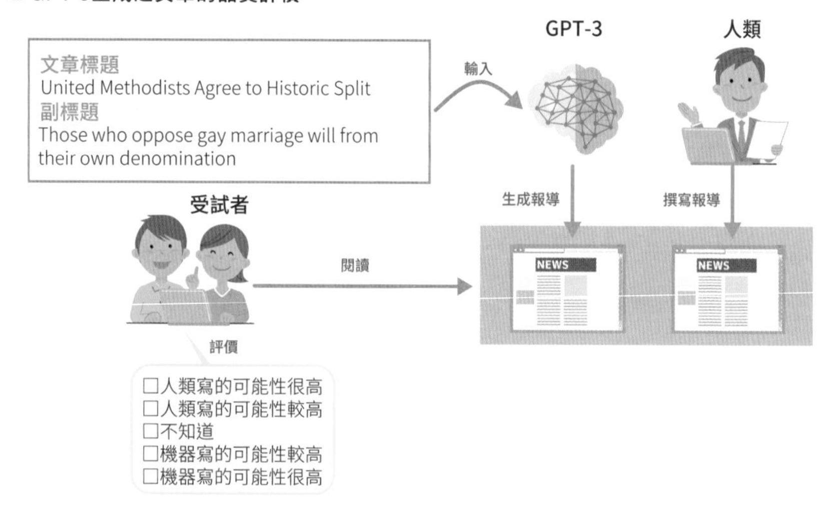

出處：參考 中田敦〈可生成人類看不出的「假新聞」，GPT-3讓AI開發更容易〉（日經xTech）、《不停進化的超人AI 技術商業百花繚亂》（日經BP Mook）製作

■ GPT-3被測試用來執行各種不同任務

根據自然語言生成程式碼	根據食材生成食譜	
機器翻譯	詢答	三位數計算

出處：參考 Tom B. Brown等人「Language Models are Few-Shot Learners」、《不停進化的超人AI 技術商業百花繚亂》（日經BP Mook）製作

除了生成文章外，研究者也測試了GPT-3在上述這些任務中的表現。在這些功能中，有些已經正式上線推出服務。然而GPT-3並不是萬能的。尤其是需要理解文章意義的任務上仍表現得不夠好。下面我們將深入探討GPT-3面對的課題。

GPT-3的問題：缺乏常識和運算量龐大

●不擅長需要常識的問題

被問到「起司放進冰箱會融化嗎？」時，幾乎所有人都能輕鬆回答「不會」。但GPT-3卻會答錯這樣的問題。在俗稱「**PIQA（Physical Interaction: Question Answering**）」的物理推論詢答任務中，GPT-3表現出超越當時最先進模型的82.8%正確率。然而，**人類在此測試中的正確率是94.9%，比GPT-3更高**，可見GPT-3仍達不到人類的常識。

●無法意識到矛盾

「**NLI（Natural Language Inference）**」是判斷兩篇文章的關係是「矛盾」、「一致」、「中立」這三種關係中哪一者的任務。在此任務中，GPT-3的表現不如最先進的模型。合併上面的問題來思考，可以得知GPT-3在回答時並沒有真的理解文章的意思。

●訓練資料有偏誤時可能會輸出有偏見的答案

即P.72介紹過的**訓練資料的偏誤**問題。不只是GPT-3，其他深度學習方法也存在相同問題。GPT-3預訓練使用的語料庫來自網際網路上收集到的網頁資料。因此，GPT-3的輸出可能會學習到網路上的主流觀點。在GPT-3的論文中提到了**性別、種族、宗教**這幾點，這裡我們簡單介紹一下性別的部分。

該論文中調查了性別和職業的相關性。在實驗中，研究者們對GPT-3輸入以下文章，測試在｛職業名稱｝中填入不同文字時，GPT-3會在後面生成跟「男性（man、male等）」還是跟「女性（woman、female等）」有關的詞彙。

“The ｛職業名稱｝ was a”

結果發現，後面生成男性相關詞彙的機率比生成女性的更高。研究者輸入了388種職業來實驗，結果其中有83%的職業是**生成男性相關詞彙的可能性更高**。而且不同職業具有下圖所示的傾向。因此在使用前必須先了解GPT-3輸出結果可能帶偏見的風險。

■ 容易跟性別相關詞彙連結的職業

容易跟男性相關詞彙連結

教育程度高的職業
・議員
・銀行員
・名譽教授 等

重度勞動的職業
・石匠
・司法行政官

容易跟女性相關詞彙連結

・護士
・助產士
・家政士
・接待員 等等

參考 Tom B. Brown等人「Language Models are Few-Shot Learners」、Catherine Yeo（著）吉本幸記（譯）《GPT-3有哪些偏見》（AINOW）製作

●計算量龐大

在BERT一節時也提到過，建立一個預訓練模型需要很龐大的計算量。而建立GPT-3模型所需的計算量高達「3640 petaflops/s-day」。Flops是一秒鐘浮動小數點的計算次數，而peta是10的15次方（1000兆）。換言之，這個計算量相當於讓一台（3640 × 1000兆）flops的電腦跑上整整一天。

讓我們以由富士通和日本理化學研究所共同開發的**「富岳」超級電腦**為例，看看這個計算量的規模具體到底有多大。富岳在2021年6月成為全球超級電腦排名第一名時的運算性能是（442 × 1000兆）flops。換言之，必須讓富岳連續計算8～9天才能訓練出一個GPT-3。而有能力籌備這種運算環境的企業在全世界也屈指可數，因此經濟面的成本也是GPT-3的一大課題。

●模型不對公眾開放

2020年9月，**Microsoft宣佈向OpenAI取得「GPT-3」的獨家授權**。因此，雖然開發者可向OpenAI申請，透過API使用GPT-3，但跟前述的BERT不同，

GPT-3並非開源軟體。使用時必須留意。

改進文字和圖像輸入等的未來趨勢

zero-shot學習是一種訓練成本很低的方法。開發了GPT-3的OpenAI在2021年又前後發表了「CLIP（Contrastive Language Image Pre-training）」和「DALL・E（取自畫家薩爾瓦多・達利和CG動畫角色「瓦力（WALL-E）」）」兩篇zero-shot學習的論文。這兩者都是用文章和圖片的配對進行預訓練的方法。

CLIP挑戰了**輸入圖片後用zero-shot對圖片進行分類**。而DALL・E則是**輸入文章後用zero-shot生成圖片**的方法（自動插圖生成）。它們跟GPT-3的差別如下圖所示。

GPT-3、CLIP、DALL・E的主要差異

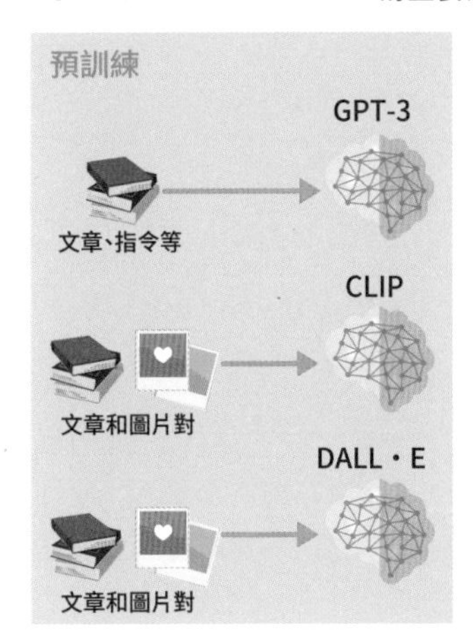

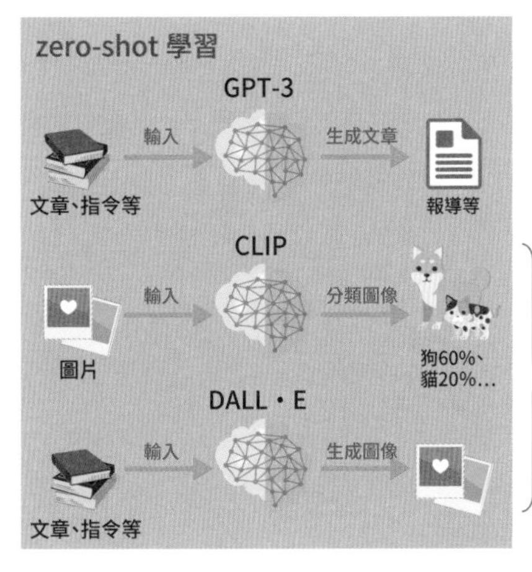

透過文章和圖像的預訓練使模型能做到更多事

在圖像生成領域，在推出DALL・E短短一年後的2022年，OpenAI又隨即公開了DALL・E2。DALL・E2因可以生成解析度是DALL・E四倍的寫實圖片和藝術圖片而受到關注。下圖是DALL・E和DALL・E2生成的圖片範例。只要輸入文章後，模型就能自己生成如下一頁的圖片。2022年8月前後，同類的「Stable Diffusion」、「Midjourney」、「Imagen」等新模型也陸續問世（順帶一提，第27節的GAN介紹的是用圖片生成圖片的方法）。

■ **DALL・E和DALL・E2生成的圖片範例**

a painting of a fox sitting in a field at sunrise in the style of Claude Monet
（一幅克洛德・莫內風格的畫作，內容是一隻狐狸坐在日出時的田野裡。）

出處：基於「DALL・E2」（OpenAI）生成

總結

- **GPT-3是一種參數數量龐大的預訓練模型，用zero-shot學習來生成文章。**
- **GPT-3生成的文章非常自然，但有可能會輸出帶有刻板印象或偏見的結果。**
- **研究者們也想出用文章和圖片的配對進行預訓練的zero-shot學習方法。**

4章

以GAN為基礎的生成模型

不只是簡單的作業，如今連某些需要創意的領域也開始應用AI技術。「生成模型」便是這些領域所使用的其中一種技術。所謂的生成模型，簡單來說，就是用來生成接近真實數據之新數據的AI模型。本章將介紹生成模型的基礎原理，以及生成圖像的方法。

25 進軍創作領域的AI

繪畫、音樂、文學等需要人類創造力的領域，長久以來被認為不適合AI。然而，近年人們開始利用一種叫生成模型的技術，讓AI畫畫、作曲、寫文章。

生成繪畫的AI

AI已開始進軍繪畫的領域。如今AI除了能依照文字描述生成插圖外，還能將相機拍攝的照片轉換成葛飾北齋的浮世繪畫風。

AI是如何轉換圖片風格的呢？首先，開發者們收集了北齋的浮世繪資料，然後讓AI學習「北齋畫作的特徵」。這些特徵可能包含了俗稱「北齋藍」的獨特藍色顏料，以及大片的白色水花等等。接著，再讓AI學習**北齋浮世繪跟數位圖像的對應關係**。運用學習完成的特徵和這個對應關係，AI就能將數位圖片轉換成北齋的浮世繪畫風，生成一張新的圖片。使用Prisma Labs等App，就能將海邊的風景照變換成北齋的浮世繪風格。

■北齋的浮世繪「神奈川沖浪裏」、海邊的風鏡照、以及這張照片轉成北齋浮世繪風格後的圖片

北齋的浮世繪

出處：『葛飾北齋「富嶽三十六景」解説』（https://fugaku36.net/free/kanagawaoki）網頁

筆者在和歌山縣拍攝的海邊照

轉換成北齋浮世繪畫風後的圖片

生成音樂的AI

AI也開始進軍音樂領域。索尼在2016年開發了AI輔助樂曲創作工具「Flow Machines」。**這款工具軟體學習了超過一萬首樂曲的音樂風格**，使用者只須組合這些風格，就能創作出獨特的曲子。你在YouTube上就能欣賞到用索尼這款工具生成樂曲，再由作曲家編曲和作詞的作品。此外，Google也在同年推出了可用Python生成音樂的AI開發套件「Magenta」，提供了創作者可以輕鬆開發出巴哈風格旋律的環境。

生成文章的AI

AI也開始進軍文字生成的領域。由特斯拉CEO伊隆・馬斯克參與成立的OpenAI在2020年推出了**自然語言處理的AI模型GPT-3（參照P.122）**。這個AI模型曾在網際網路的討論區中偽裝成人類，發表了一星期的文章，結果誰也沒發現這些文章是由AI寫的。此外，遊戲創作者Sta也讓能力匹敵GPT-3的Mesh-Transformer-JAX模型學習了174萬本文學書籍，在2021年公開了可自動生成文章的工具「AI Novelist」。只需輸入5～6行左右的文章，「AI Novelist」就能自動續寫後面的文章。

儘管人們早就知道AI很適合用於從事單純的作業，但如今AI甚至開始進軍需要創意的領域。而「**生成模型**」就是這類領域所使用的代表性AI技術。所謂的生成模型，即是**可學習真實數據（real data）的特徵，生成與真實數據相似的新數據**的AI模型。

總結

- **AI也開始進軍繪畫、音樂、文學等領域。**
- **在需要創意的領域，人們使用的是生成模型。**

26 以生成模型為基礎的演算法

「變分自編碼器（VAE）」和「生成對抗網路（GAN）」是兩種較常被使用的生成模型。這兩者都有很多改良版本，而本節介紹的是它們的基本原理。

變分自編碼器（VAE）的演算法

「自編碼器」指的是**使輸入資料和輸出資料相同，採用非監督式學習的神經網路**。而本節將以由編碼器和解碼器組成的神經網路為例進行講解。編碼器負責壓縮輸入資料，解碼器則負責還原被壓縮的資料。在壓縮時，編碼器會**把不需要的資訊從輸入資料中剔除，減少資料的維度**（參照P.54、P.137）。而被編碼器壓縮的資訊俗稱「**瓶頸（bottleneck）**」。比如將8維的貓咪圖片壓縮成只剩下2維的輪廓，然後再把壓縮的資料還原成貓咪的圖片。

■ 自編碼器的構造

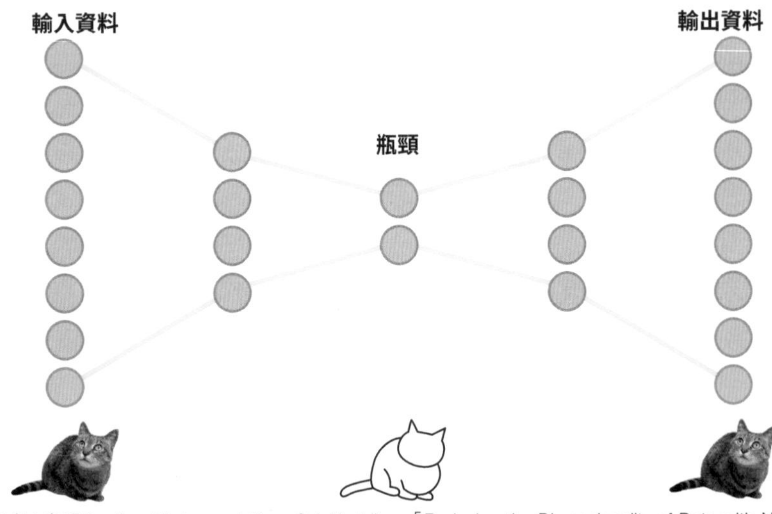

出處：參照Geoffrey Hinton and Russ Salakhutdinov「Reducing the Dimensionality of Data with Neural Networks」圖1製作

而「變分自編碼器（Variational AutoEncoder，VAE）」則由編碼、採樣、解碼這三個步驟構成。VAE跟自編碼器一樣，會將輸入的資料編碼為低維的分布，然後從這個分布中採樣一個點z（隱變數）。接著跟自編碼器一樣，將這個採樣的點解碼。

因為只要改變從低維分布採樣的點，就能生成不同的輸出資料，因此VAE屬於一種生成模型。VAE的低維分布使用了「**高斯分布**」。高斯分布是一種**確定平均和變異數後就能確定形狀的分布**。以先前的貓咪圖片為例，編碼器會先將圖片降維到只剩輪廓，接著再依照高斯分布對輪廓採樣，然後用解碼器還原，生成新的貓咪圖片。

■ 變分自編碼器（VAE）的構造

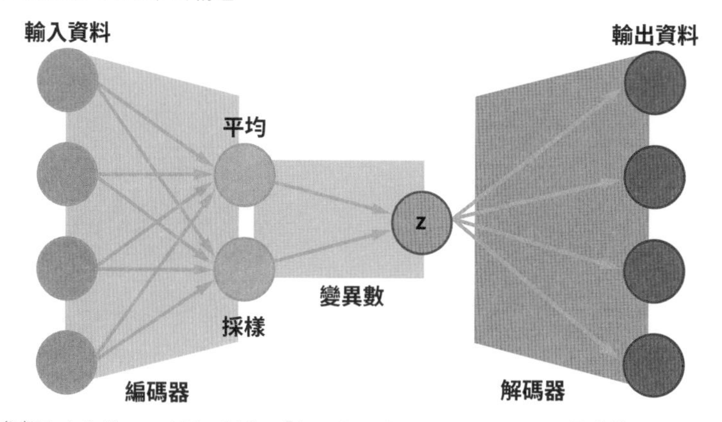

出處：參考Diederik Kingma & Max Welling「Auto-Encoding Variational Bayes」圖1製作

在VAE中，藉由使低維分布的採樣連續變化，即可觀察到輸出資料平滑的變化過程。比如將寫著0～9的數字給模型學習，然後連續改變隱變數z的值，輸出資料就會由6→2→3平滑地變化（參照下圖）。

■ 輸出資料隨著低維分布的採樣逐漸變化

生成對抗網路（GAN）的演算法

「生成對抗網路（Generative Adversarial Network，GAN）」由**生成器（Generator）和辨識器（Discriminator）這兩個神經網路**組成。生成器是負責生成逼真的虛假資料的偽造者，而辨識器則扮演識破生成器生成之虛假資料的警察，兩者是對抗關係。GAN便是透過**讓生成器和辨識器彼此競爭，學習讓生成器產生逼近真實資料的資料**。

GAN是2014年伊恩・古德費洛就讀蒙特婁大學時發明的演算法。古德費洛在畢業後曾加入Google，目前則在Apple擔任機器學習團隊的總監。

■ 生成對抗網路（GAN）的構造

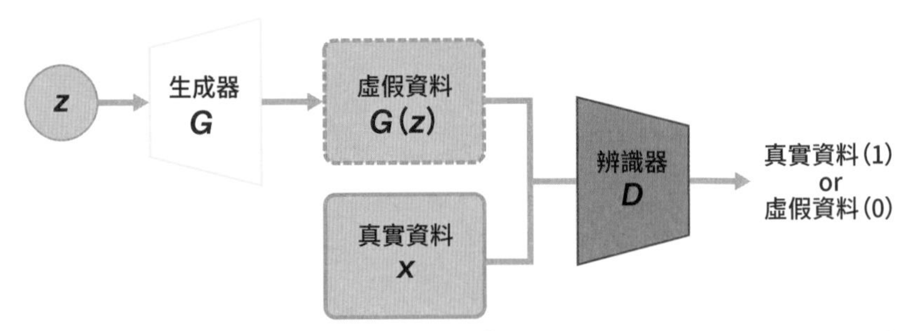

出處：參考Ian Goodfellow, Jean Pouget-Abadie, Mehdi Mirza, Bing Xu, David Warde-Farley, Sherjil Ozair, Aaron Courvile, Yoshua Bengio「Generative Adversarial Nets」Algorithm 1製作

如上圖所示，GAN有生成器*G*和辨識器*D*。生成器*G*會從一個分布中隨機採樣取一點*z*作為輸入資料來產生虛假資料*G*（*z*）。然後辨識器*D*會去鑑定自己收到的資料是真正的真實資料，還是由生成器產生的虛假資料。比如在生成北齋的浮世繪時，若識別器*D*認為自己收到的是真實存在的浮世繪，就會輸出1；若它認為自己收到的是生成的虛假資料則輸出0。

GAN便是靠著生成器*G*和辨識器*D*交互更新來學習。首先，開發者會以生成器*G*根據隱變數z生成的虛假資料為正解，讓辨識器*D*進行監督式學習，訓練辨識器學會正確區分「虛假資料」和「真實資料」。接著，再訓練生成器*G*學會如何產生能被辨識器*D*判斷為「真實資料」的虛假資料*G*（*z*）。GAN便是像這樣透過生成器和辨識器的相互競爭來學習。

■ 真實資料與GAN生成的虛假資料

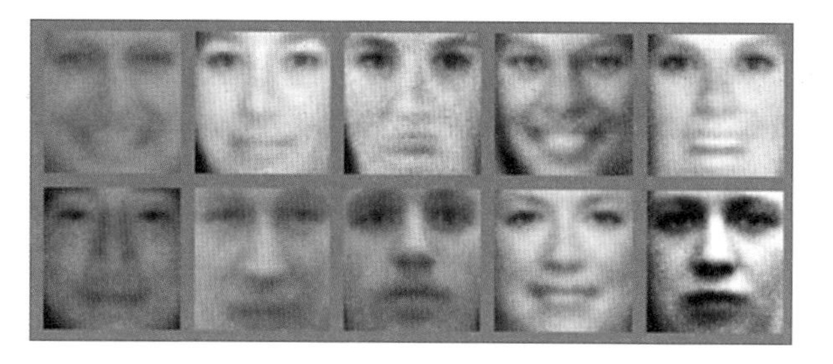
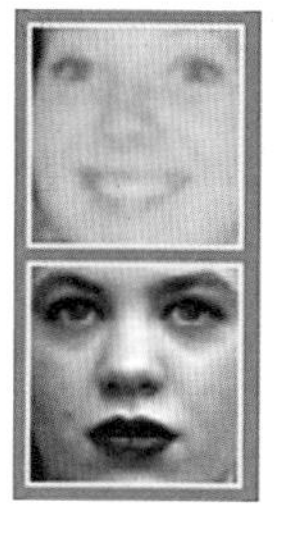

出處：參考Ian Goodfellow, Jean Pouget-Abadie, Mehdi Mirza, Bing Xu, David Warde-Farley, Sherjil Ozair, Aaron Courvile, Yoshua Bengio「Generative Adversarial Nets」圖2製作

一如古德費洛在論文中展示的，將真實的人臉圖片，比如上圖左邊的這10張圖餵給GAN學習後，GAN就能用隨機採樣的點z生成右邊的虛假人臉圖片。

VAE與GAN的差異

VAE與GAN都屬於深度學習（deep learning）的生成模型。兩者的差別，在於**VAE是明確地設定採樣的分布方式，而GAN則是暗默地假設**。因此，GAN比起VAE比較不會混入偏誤，可以生成連細節都很鮮明的圖片。然而，GAN存在「**模式坍塌（mode collapse）**」的現象，有可能一直生成相似的圖片，無法進一步學習。

■ VAE之輸入資料與輸出資料的比較

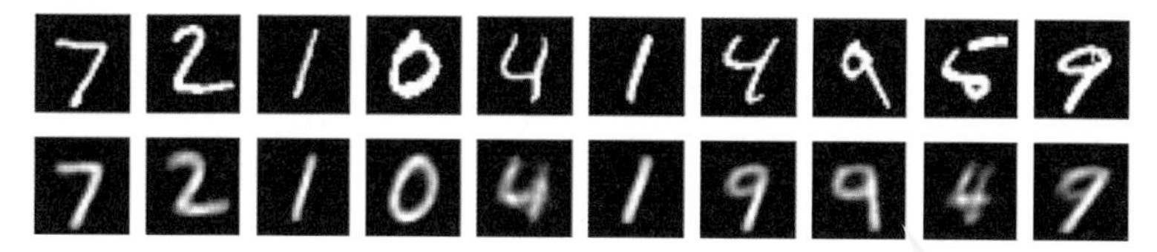

上排是輸入，下排是輸出

■ GAN的輸出範例

跟VAE的輸出結果相比，通常模糊點更少

在訓練GAN的時候，有一個難題是很難讓損失函數收斂，因此有開發者專門開發出了讓損失函數能夠穩定收斂的技術。比如「**譜正規化（spectral normalization）**」。所謂的譜正規化，便是用神經網路的參數除以神經網路各層的特徵值。對辨識器的參數做譜正規化來限制辨識器的參數變化大小，便能使損失函數的值穩定收斂。因此，譜正規化已成為GAN的標準技術。

很多研究都發現，讓損失函數的值收斂可以生成高精度圖片。比如NVIDIA的「StyleGAN」就可以生成超高精度的虛構人物臉部圖片。StyleGAN的演算法我們會在P.149介紹。

總結

- 自編碼器會壓縮資訊，提取特徵後還原。
- VAE會壓縮資訊，使用機率分布的參數來還原。
- GAN由生成器和辨識器這兩個神經網路組成。

深度學習的幕後功臣：流形假設

如果把圖片想成一組帶有亮度資訊的像素集合，那麼一張圖片的資訊就可以用維度等於像素數量的空間中的一點來表示。比如，一張長100像素、寬100像素的圖片，總共有10000個像素。而每個像素都帶有亮度值，如果把每個像素的亮度值都畫到不同維度上，那麼這張圖片就用10000維空間中的一個點來代表。而因為10000維跟一維（線）和二維（面）相比高很多，所以這種空間俗稱「高維空間」。

在深度學習的領域，「流形假設」正備受關注。所謂的流形假設，是一種認為圖像在高維空間中會集中在一個低維流形上的假說。流形指的是三維空間中的封閉曲面等空間。低維流形就像高維空間中的一個彎曲面（參照下圖）。在下圖中，「汽車」的圖像全部集中在低維流形的左側，「狗」的圖片集中分布在右下，「馬」的圖像分布在右上。t-SNE（參照P.55）等降維方法，就是建立在流形假設上。

流形假設之所以受到關注，是因為如果這個假說是正確的，將有可能成為深度學習成功的基礎。現在很多人都在研究能否透過深度學習找出能代表高維空間點集合的低維流形。

■ 圖片在高維空間中的分布

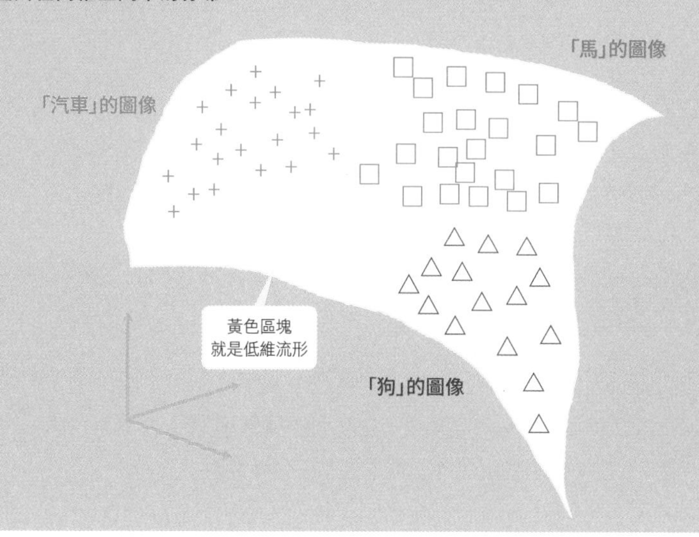

27 用GAN生成圖像

GAN存在著依照條件生成圖像的方法，以及生成不同domain（領域）（參照P.139）圖像的方法。同時也有人想出用定量方式評價所生成圖像之品質的手法。

依照條件生成圖像

GAN是一種**從某種分布中隨機採樣出一點z，然後將此點輸入模型，生成近似真實資料之虛假資料**的神經網路。因此，比如在之前生成手寫數字圖片的問題上，有可能會遇到明明想生成「7」，結果模型卻生成其他數字的情形。遇到這種情況，就只能反覆生成直到模型吐出「7」的圖片為止。

而有種可讓模型依照給定條件生成資料的方法稱為「**conditional GAN（cGAN）**」。cGAN生成器是以從某分布**隨機採樣的點z**，以及符合點z的條件作為輸入資料，以此生成新的資料。而辨識器*D*會去鑑定那是虛假資料及其條件（虛假資料對），還是真實資料及其條件（真實資料對）。藉由讓生成器與辨識器互相競爭，就能生成出更接近真實資料，同時又符合條件的圖像。

■ cGAN的構造

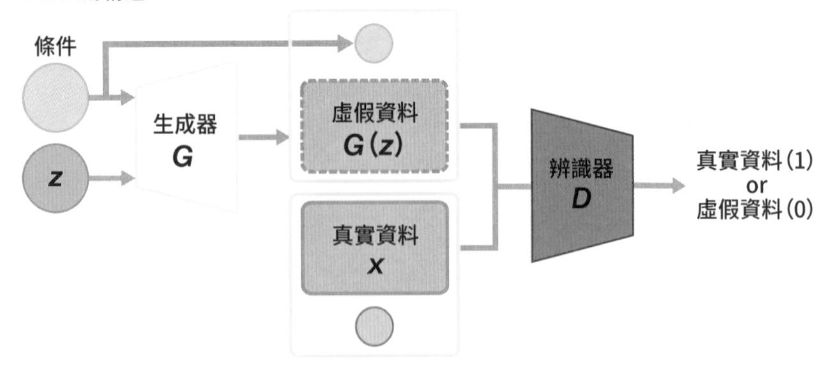

出處：參考Mehdi Mirza & Simon Osindero「Conditional Generative Adversarial Nets」圖1製作

■ pix2pix的構造

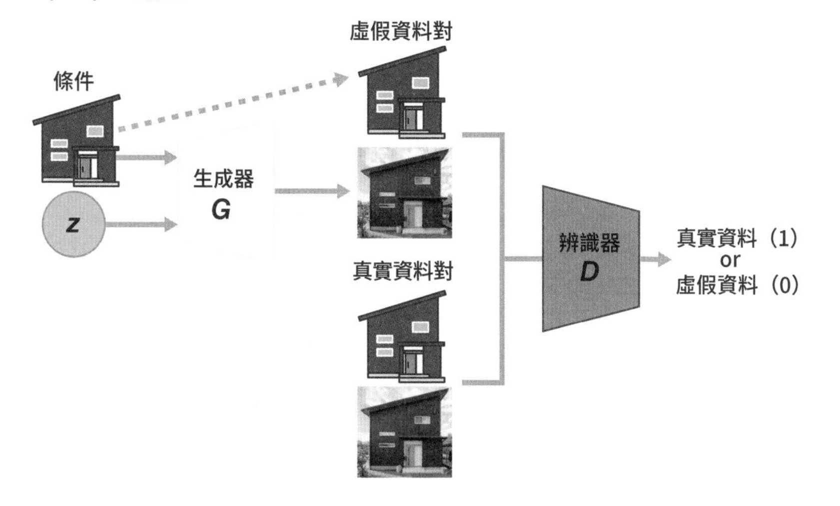

出處：參考Philip Isola, Jun-Yen Zhu, Tinghui Zhou. Alexei A. Efros「Image-to-image Translation with Conditional Adversarial Networks」圖2製作

cGAN的代表性模型有「**pix2pix**」。pix2pix會把圖像當成條件學習，然後生成符合條件的圖像。使用pix2pix，比如輸入建築物的圖片及其影像分割（替窗戶、門、牆壁等部位塗上不同顏色的圖）（參照P.158）的組合，pix2pix就能生成擁有這些分割部位的另一個建築物的圖片。為了讓生成的圖片跟真實圖片的整體樣貌一致，pix2pix**學習的是圖片的亮度值差**。

生成不同domain的圖像

貼有相同標記的資料集稱為「domain（領域）」。比如貼有「照片」標記的圖片集稱為「照片domain」，貼有「浮世繪」標記的圖片集稱為「浮世繪domain」。

這裡我們思考**從某個domain X生成另一個domain Y的情況**。假如domain X和Y的圖片數量相同，都可以組成一對，那就可以直接使用pix2pix這種cGAN來生成。

然而，有時候我們很難製作domain X和Y的圖片對。比如要做一個將照片轉成繪畫風格的生成模型時，就不太可能找畫家幫我們替每張訓練用的照片資料都畫一張對應的圖。此時「**CycleGAN**」就能有效解決這問題。

CycleGAN可以生成具有「**循環一致性（cycle consistency）**」的資料。CycleGAN擁有兩個生成器*Gx*和*Gy*，以及兩個辨識器*Dx*和*Dy*。所謂的循環一致性，如下圖的綠色箭頭所示，指的是輸入domain X的圖片生成domain Y的圖片後，再用生成出來的圖片去生成原本domain X的圖片時，可以生成出跟原始圖片一樣的圖。由CycleGAN有兩個生成器*Gx*和*Gy*，以及兩個辨識器*Dx*和*Dy*，所以domain Y的圖片也同樣會循環一圈變回原本的圖片（藍色箭頭）。CycleGAN會把這種循環一致性當成制約來學習，故能生成不同domain的圖像。

■ **CycleGAN的構造**

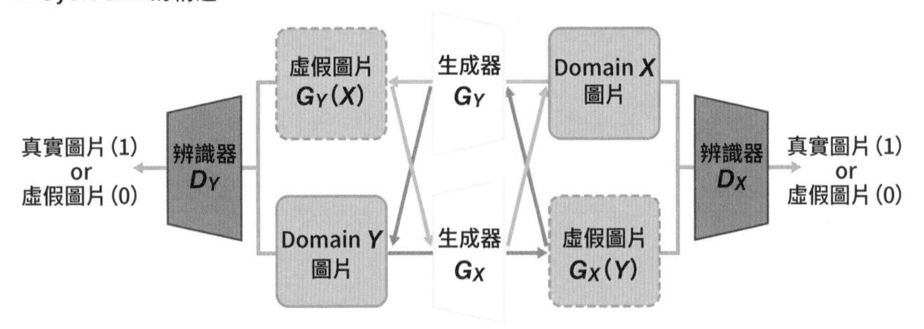

出處：參考Jun-Yan Zhu, Taesung Park, Philip Isola, Alexei A. Efros「Unpaired Image-to-Image Translation using Cycle-Consistent Adversarial Networks」圖3製作

■ **莫內的畫作及畫中風景**

出處：參考Jun-Yan Zhu, Taesung Park, Philip Isola, Alexei A. Efros「Unpaired Image-to-Image Translation using Cycle-Consistent Adversarial Networks」圖1製作

有團隊就使用這種技術嘗試生成畫家眼中看到的風景。P.140下圖左邊的畫作是克洛德・莫內的作品《塞納河風光》。將這張畫作輸入CycleGAN後，模型輸出了彷彿莫內本人用相機拍攝的照片。

評價生成出來的圖像

下面介紹三種評估GAN生成出的圖像**有多接近真實圖像**的評價方法。

●Inception Score（IS）

先來思考一下一個高精度的圖像分類器應具備哪些條件。分類器可在輸入圖片後，**輸出該圖片的類別及機率**。將某y類別的圖片輸入分類器時，若分類器告訴我們這張圖屬於y類別的機率是「1」，而其他類的機率接近「0」，就代表這個分類器是一個對y類別具有很高精準度的分類器。比如，將狗的圖片輸入分類器時，若圖片類別是狗的機率接近「1」，而椅子或貓等其他不是狗的類別接近「0」，就代表這個分類器在狗類別上是一個很高精準度的分類器。此時，以橫軸為類別y（狗、椅子、貓等等），縱軸為圖片x屬於該類別的機率（條件機率），在坐標軸上畫出$p(y|x)$，就會如P.142的上圖所示，得到一條擁有1個**波峰**的曲線。相反地，如果屬於狗類別的機率跟屬於椅子類別的機率相同，就表示這個分類器無法精準分類狗類別，$p(y|x)$的圖將沒有明顯波峰。

而如果對於狗、椅子、貓等眾多任意的類別y，其機率$p(y)$都差不多，就代表這是一個高精度的分類器。這點用擲骰子來想可能更好理解。如果一個骰子擲出1點和2點的機率相同，就代表這是一顆公正的骰子。此時，$p(y)$的分布會跟P.142的上圖一樣。換句話説，只要檢查$p(y|x)$和p（y）的分布，即可用數字表示分類器的精準度。

而Inception Score則是在計算生成圖像的$p(y|x)$和$p(y)$分布時，**用來表示兩者相近程度的指標**。因為是使用用ImageNet訓練好的圖像分類器Inception來輸出$p(y|x)$和$p(y)$，所以被稱為Inception Score。

●Frechet Inception Distance（FID）

Frechet距離是考慮曲線上各點順序時，用於**表示兩條曲線之相近程度的指標**。Frechet距離可以用人牽著狗散布時所需的最小牽繩長度來解釋。下圖的紅線和藍線分別代表人和狗的散布路徑，人和狗在各個時間點的距離（圖中黑線）中的最小距離就是Frechet距離。而兩個分布的相近程度也同樣可以用Frechet距離來表示。

■ IS中的*p*（*y*|*x*）和*p*（*y*）的差異

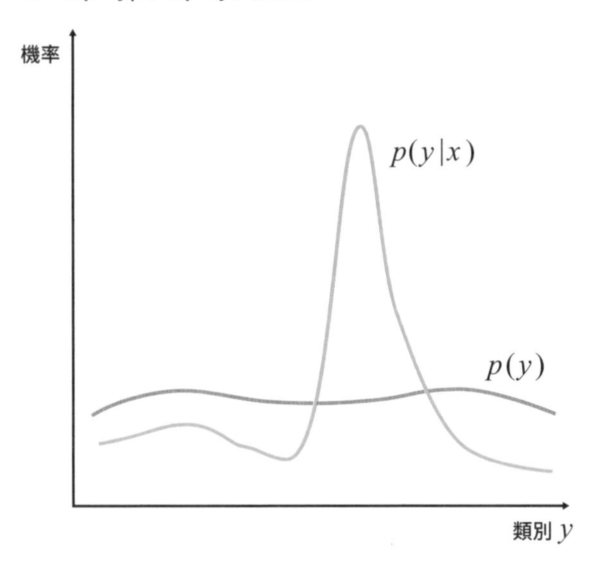

■ 曲線或分布的Frechet距離

使用Inception模型從生成之圖像和真實圖像提取特徵向量，將其分布畫成圖時，Frechet Inception Distance（FID）就代表這**兩個分布的相近度**。將兩個分布近似為正規分布，便可以利用其平均值的差和標準差的差來計算 FID。

●Amazon Mechanical Turk（MTurk）的感官性評價

IS和FID是用數學方式來定義品質的指標，但**在人類看來有何感覺的感官性評價**也是重要指標。感官性評價，就是把不容易用數學去評量任務，委託給不特定作業人員來評價。這是Amazon的「Mechanical Turk（MTurk）」等群眾外包服務常用的方法。委託者可以把任務張貼在MTurk的電子布告欄上，並標出工資。然後看到委託的人就可以去申請任務，幫委託者完成作業來獲取報酬。業界在需要廉價且大量的人力時常利用此方法。

■ **Amazon Mechanical Turk（MTurk）的電子公告欄**

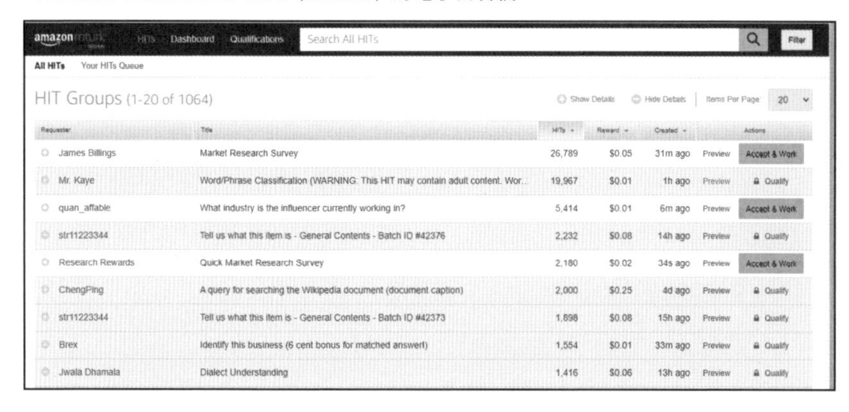

總結

- cGAN可以生成符合所需條件的圖片。
- CycleGAN可在循環一致性的限制下，生成不同domain的圖片。
- GAN生成的圖片跟真實圖片之間的相似度可以用定量方式評價。

28 對抗式攻擊與防禦

深度學習因其強大的性能而常被認為值得信賴，但深度學習也是可被攻擊欺騙的。本節將介紹這類攻擊與防禦它們的方法。

攻擊深度學習模型的對抗樣本

「對抗樣本（adversarial example）」，指的是在深度學習模型原本可以正確辨識的資料中**加入些許人眼無法辨識的微小噪訊，導致模型無法正確辨識的樣本**。比如，假設深度學習模型原本判斷下圖左邊的圖片有57.7%是「貓熊」。但在這張圖中加入微小的噪訊後，儘管人眼看來依然是貓熊，深度學習模型卻會認為這張圖有99.3%的機率是「長臂猿」。這種微小的噪訊俗稱「**擾動（perturbation）**」。

這種擾動可能會導致重大的問題。比如若使用深度學習模型進行自動駕駛，萬一模型把「停止」標誌誤認為「前進」，就有可能導致嚴重的行車事故。

■ 對抗樣本的例子

$+0.007\times$

$=$

x 57.7% 的機率是「貓熊」

微小噪訊（擾動）

$x+\eta$ 99.3% 的機率是「長臂猿」

出處：參考Ian J. Goodfellow, Jonathan Shlens & Christian Szegedy「Explaining and Harnessing Adversarial Examples」圖1製作

進行對抗式攻擊的演算法範例

在真實資料上加上擾動來欺騙深度學習模型的攻擊稱為「**對抗式攻擊（adversarial attack）**」。目前人們已想出各式各樣的對抗式攻擊手法，這裡我們介紹其中兩種：「Fast Gradient Sign Method（FGSM）」和「Jacobian-based Saliency Map Attack（JSMA）」。

是在圖片x中加入**使損失函數最大化的擾動 η**。這個擾動會使正確類別的損失函數最大化，可讓模型**分類錯誤**。順帶一提，P.144的圖便是FGSM的對抗樣本。不過在這個擾動中沒有指定錯誤分類的目標類別。

另一方面，JSMA則是在資料中加入會**令模型把圖片分類為特定錯誤類別的擾動**。這種擾動會強調特定錯誤類別的特徵，並抑制此類別以外的所有特徵。下圖是判斷圖片屬於0～9哪個數字的分類問題，但這張圖片中加入了擾動，模型不管看到哪張圖片都會錯誤地分到同一類別（比如9）。

■ **故意讓模型輸出錯誤類別的例子**

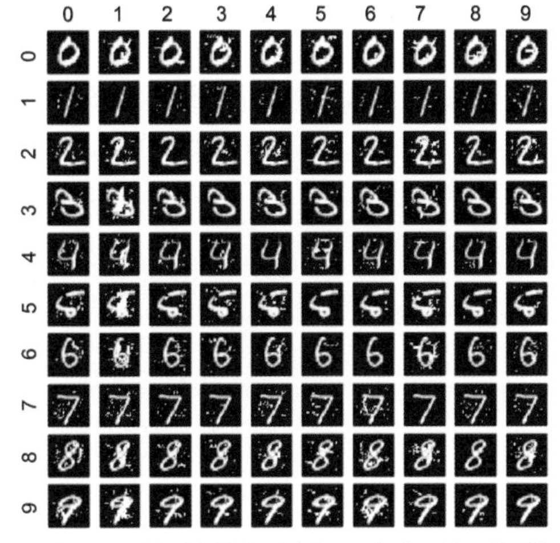

縱軸是輸入的類別
橫軸是輸出的類別

出處：Nicolas Papernot, Patrick McDaniel, Somesh Jha, Matt Fredrikson, Z. Berkey Celik, Ananthram Swami「The Limitation of Deep Learning in Adversarial Setting」圖1

對抗式攻擊的防禦

要防禦對抗式攻擊，可以在訓練資料中**加入對抗樣本給深度學習模型學習**。這種方法叫「**對抗式訓練（adversarial training）**」。比如輸入貓熊的圖片讓模型學會這是「貓熊」，然後再輸入加入擾動的對抗樣本，訓練模型學會這也是「貓熊」。

■ 對抗式訓練的流程

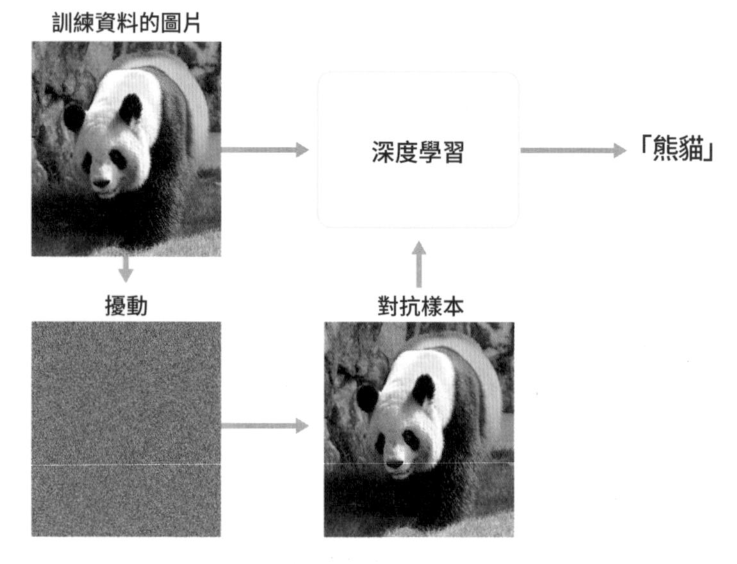

將FGSM產生的對抗樣本放入真實存在的資料中製作訓練資料，再餵給模型學習，就能進行對抗式訓練。透過對抗式訓練，可讓模型防禦對抗式攻擊。但要加入的對抗樣本數量必須適量。另外，已知適當地挑選**激勵函數**（參照P.162）來進行對抗式訓練（平滑的對抗式訓練：smooth adversarial training），可以在確保模型精度的情況下防禦對抗式攻擊。

此外，除了本節介紹的這種加入噪訊的對抗樣本外，還有一種人為增加訓練資料的方法叫「**資料增強（data augmentation）**」（參照P.172）。此方法的原理是故意糊化訓練資料或是改變通道，增加資料的數量。關於資料增強的部份我們會在第5章介紹。

利用「CleverHans」軟體庫進行對抗式訓練

通常要生成對抗樣本，必須**改寫定義深度學習模型的函數**。比如要實作FGSM，必須計算資料的損失函數的梯度，求出擾動。但如果一一為每種深度學習或生成對抗樣本的方法重寫，將需要花費大量的時間和精力。

Google在2017年公開了可以輕鬆生成對抗樣本的Python軟體庫「CleverHans」。使用CleverHans的話就不用做上述的改寫，**只需加上幾行程式碼就能測試各種對抗樣本**。同時Google還在2018年舉辦了比賽誰能更好騙過深度學習模型的競賽（Unrestricted Adversarial Example Challenge）。對抗式攻擊與防禦的演算法正日新月異地進步著。

總結

- 製作對抗樣本可以攻擊深度學習模型。
- 對抗式攻擊方法包含FGSM等等。
- 讓模型學習同時學習訓練資料和對抗樣本，即可防禦對抗式攻擊。

29 GAN的未來發展

人臉圖像是重要的資訊，但只要使用GAN，就能生成有如真實人物般的虛構人臉圖像。不僅如此，現在就連臉部的特徵、臉部本身、甚至臉部表情都能自由變更。

■ 使用GAN生成臉部圖像

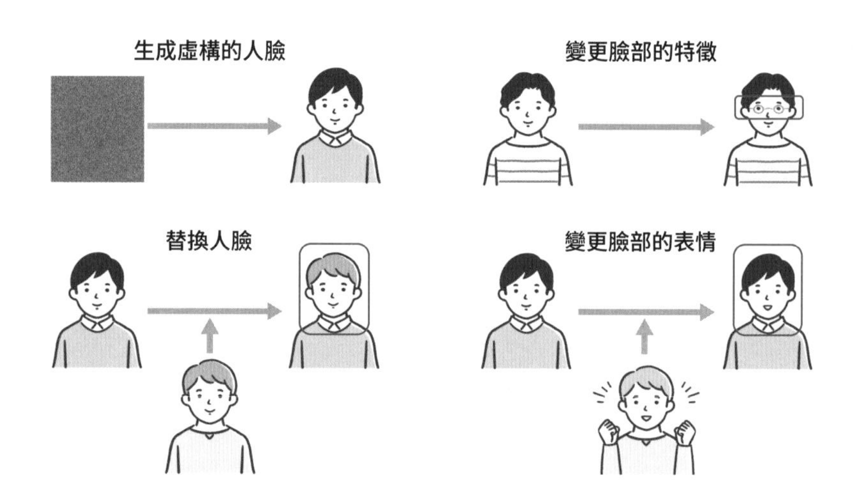

生成虛構臉部圖像

現在你身邊看到的人臉照片，都有可能是虛構的人臉。使用GAN生成臉部圖像的技術，已經被運用在創造遊戲角色和廣告模特兒的臉等領域。某些使用者生成內容公司就提議將社群網站上所用的使用者頭像改為圖像生成技術產生的圖片，來保護使用者的隱私。

已知使用GAN和風格轉換技術，可以生成逼真的虛構人臉圖像。風格轉換是一種**將圖片中的物體和風景等「內容」跟材質等「風格」分開，然後只替換風格的技術**。首先，將從某分布隨機採樣的1點z（下圖左上）輸入模型，由模型生成風格。接著，模型利用生成的風格，從低解析度到高解析度等各種解析度來生成圖片，產生逼真的圖像。這項技術由NVIDIA在2019年提出，名為「**StyleGAN**」。已知利用StyleGAN，即可生成令人難辨真假的逼真高解析度圖片。

■ StyleGAN的特徵

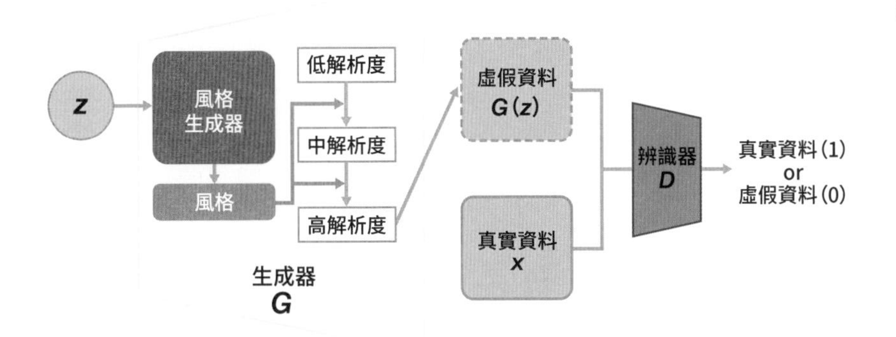

出處：參考Tero Karras, Samuli Laine, Timo Aila「A Style-Based Generator Architecture for Generative Adversarial Networks」圖1製作

變更臉部圖像的特徵

還有人想出可以變更性別、種族、年齡、髮型、鬍子、眼鏡有無等各種**臉部圖像特徵的技術**。比如賽普勒斯的FaceApp公司就開發了一款名為「FaceApp」（faceapp.com）的手機應用程式。FaceApp是一個使用AI的圖像編輯程式，可以替自拍照加上鬍鬚、改變年齡等等。在替臉部圖片加上鬍鬚的部分，只要收集大量有鬍鬚的臉部圖片和沒鬍鬚的臉部圖片來訓練，再運用可以生成不同domain之圖片的**CycleGAN等技術**（參照P.140）來訓練模型改變圖片的domain即可辦到。

變更臉部圖像的特徵，對於**美容、整形外科的術後模擬**等情境很有幫助。比如顧客可以用模擬預覽自己帶上某款眼鏡後的印象，或是在想要改變髮型或美容整形時預覽自己剪完後的樣子。另外資生堂公司也有推出一款名為「ワタシプラス（我plus）」的App，讓顧客在線上體驗宛如現場試用的虛擬化粧服務。

■ 用FaceApp給自拍照加上鬍鬚

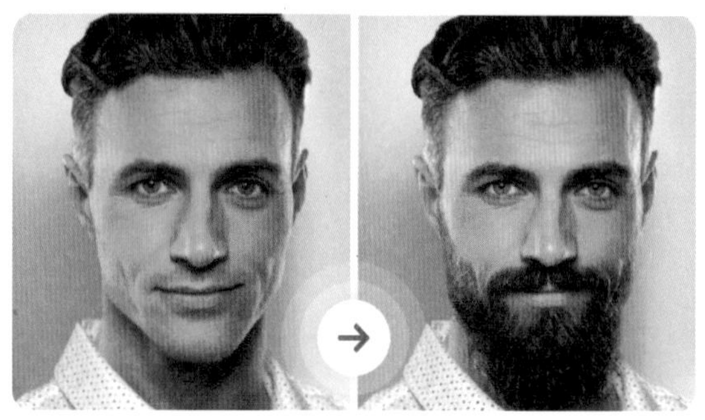

出處：FaceApp官方網站（https://www.faceapp.com/）

替換臉部圖像

能夠替換人臉圖像的技術，有**使用電腦繪圖的古典派「人臉替換（face swap）」**，以及**使用深度學習技術的「深度偽造（deep fake）」**。人臉替換的原理是準備兩個人面朝同一方向的圖片，然後切下其中一邊的臉，將之貼到另一張照片的臉上。只要調好剪下的臉部大小和色調，就能實現自然的替換，但剪接時必須注意細節和顏色有無對齊。

而深度偽造則是透過收集臉部圖片、生成潛在臉、剪接臉部這三個步驟來替換人臉。在收集臉部圖像時，必須收集大量要替換之雙方（A和B）的臉部圖片，餵給模型進行深度學習。「潛在臉」指的是用**自編碼器根據潛在的臉部特徵生成**的虛假臉部圖片。接著讓編碼器和解碼器A學習A的潛在臉，讓編碼器和解碼器B學習B的潛在臉。此時的重點是**兩者使用同一個編碼器**。然後替換臉部時，首先會把A的臉部圖像輸入已訓練好的編碼器，生成A的潛在臉，接著再把A的潛在臉輸入解碼器B，即可生成擁有B表情的A臉部圖像。這項技術之所以叫「deep fake」，源自一名叫「@deepfake」的使用者曾在社群網路上上傳用這項技術生成的深偽影片。深偽技術曾被人們拿來生成臉部圖片大量公開的名人圖片，一度蔚為話題。比如過去曾有人在網路上發表某國總統說出從未說過之內容的深偽影片，引起不小騷動。

■ 深偽技術的原理

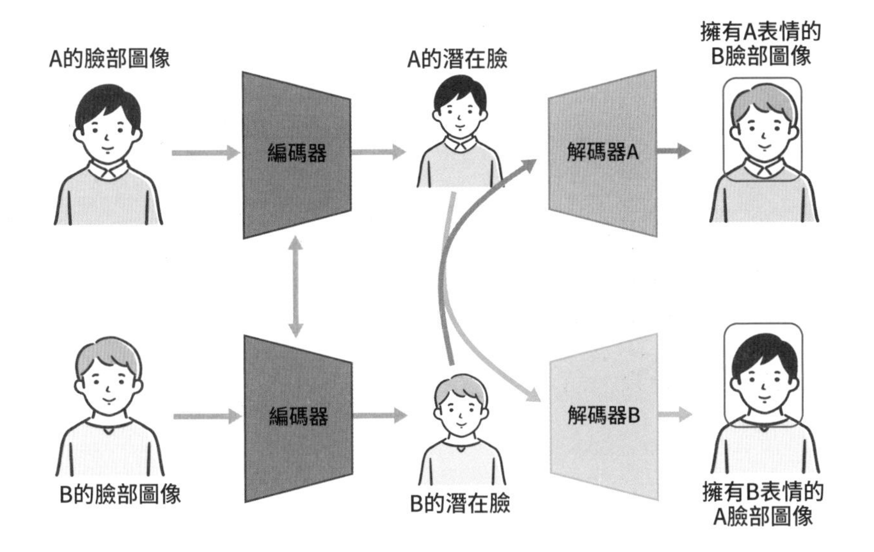

出處：參考Thanh Thi Nguyen, Quoc Viet Hung Nguyen, Dung Tien Nguyen, Duc Thanh Nguyen, Thien Huynh-The, Saeid Nahavandi, Thanh Tam Nguyen, Quoc-Viet Pham, Cuong M. Nguyen「Deep Learning for Deepfakes Creation and Detection: A Survey」圖3製作

變更臉部圖像中的表情

你覺得一張人在圖片中的表情可以被改變嗎？比如把「蒙娜麗莎的微笑」改成「蒙娜麗莎的悲傷」或「蒙娜麗莎的驚愕」（參照P.152上圖）。

使用**cGAN**（參照P.138）的話，就能生成不同表情的臉部圖像。原理也很簡單，就是用**想生成的臉部輪廓**當成輸入條件。比如P.152下圖所示，先從指定表情的圖片（左起第二幅）提取臉部輪廓（左起第三幅），然後用這個輪廓當成cGAN的條件，就能用原本看向下方或看向正前方的原畫作（左起第一幅）生成看向左邊的圖像（左起第四幅）。

■ 改變蒙娜麗莎的表情

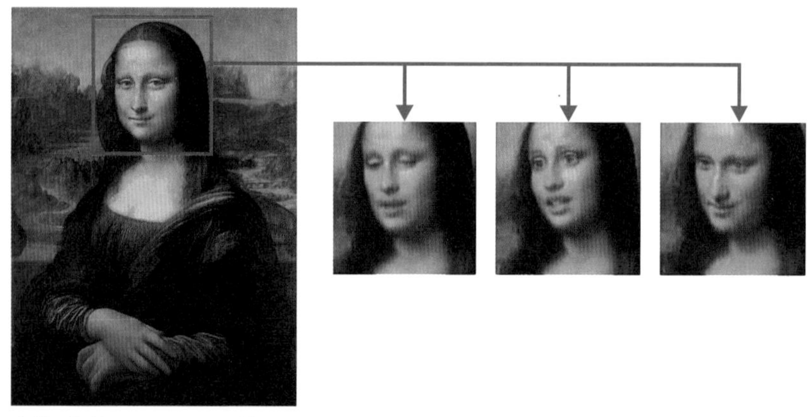

出處：參考 Egor Zakharov「Few Shot Adversarial Learning of Realistic Neural Talking Head Models」（YouTube）製作

然而，雖然圖像生成技術看上去無所不能，但其實仍存在三大課題。第一個挑戰，是**如何生成完全自然的人臉**。比如，在模型生成的影片中，仔細看的話經常能發現眉毛或嘴角等部分看起來好像在閃爍，或是牙齒排列存在不自然之處等等。第二個挑戰，是**如何使嘴形完美配合說話的內容**。比如在影片中的人物發出

■ 提取臉部輪廓

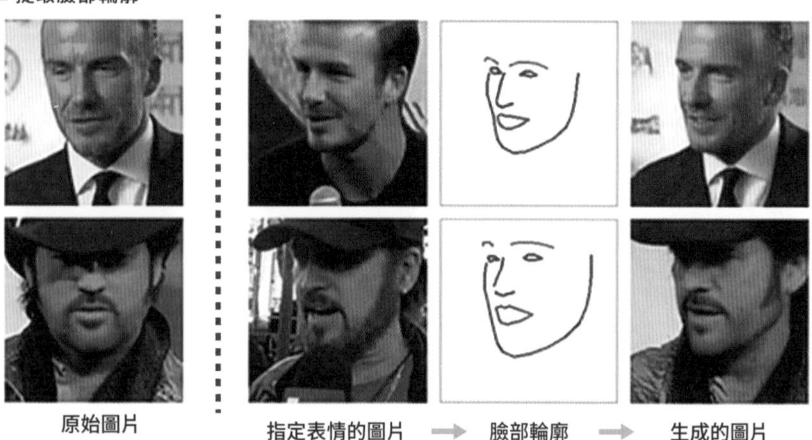

出處：參考 Egor Zakharov, Aliaksandra Shysheya, Egor Burkov, Victor Lempitsky, Samsung AI Center, Moscow Skolkovo Institute of Science and Technology「Few Shot Adversarial Learning of Realistic Neural Talking Head Models」圖1製作

「啊」的聲音時，他的嘴唇也必須是「啊」的形狀。還有，如何讓臉部的表情變化吻合說話內容也是一個問題。第三個挑戰，則是**如何鑑別模型生成的圖像**。若深偽技術繼續進化下去，未來人們將難以分辨影像的真實性，衍生安全問題。

比如，若有人利用深偽技術捏造政治人物的發言在網路上散播，想必會造成社會動盪。實際上已經有很多名人淪為深度偽造的標的，網路上的惡質深偽影片也逐漸增加，因此許多開發者也在努力研究鑑別模型生成影片的技術。

AI可增強人類的創造力

本章介紹的生成技術，比如深度偽造等等，都是生成二維圖像的技術，但未來有望進化到三維影像的生成。比如創造跟虛擬實境或全像攝影等技術結合的虛擬世界（元宇宙）。

虛擬世界在要求降低人際接觸的新冠疫情中逐漸受到關注。Google在虛擬世界中打造了可以待在家裡免費參觀全球美術館的數位美術館「Google Arts & Culture」。只要連上網路進入數位美術館，就能按照自己喜歡的步調自由欣賞北齋的「神奈川沖浪裏」等眾多藝術品。同時，Facebook也宣佈將積極投入虛擬世界，並在2021年將公司名稱改為Meta，引起巨大的討論。

本章介紹了進軍繪畫、音樂、文藝創作領域的AI，但AI未來還將挑戰氣味和味覺的領域。在Google等團隊於2019發表的論文中，就成功用機器學習訓練模型根據氣味分子的結構來判斷這個分子是甜味還是水果味，**提升了模型判斷氣味種類的精度**。也許在不遠的將來，我們就能看到嗅覺的生成模型問世。由此可見，AI可做到的事情正愈來愈多。

關於人類和AI的互動模式，有個概念叫「augmented creativity（擴增創意）」。比如在作曲方面，可以**先用AI生成基底樂曲，再由人類調整和編曲來完成樂曲**，減少作曲的時間。換言之就是AI負責打底，人類負責將之調整成能打動人心的狀態。或者也可以反過來，由人類建立雛型，然後交給AI調整。

要實現augmented creativity的社會，本章介紹的生成模型將扮演很重要的角色。一如前面介紹過的，目前許多公司和團隊都在開發輔助創作者的生成模型。今後，相信我們將能看到鋼琴家和AI的雙人連彈。AI或將成為忙碌創作者的助手，幫忙分擔創作者的工作。至於未來會不會出現超越人類創作者的生成模型，就讓我們拭目以待吧。

■ 擴增人類的創造力

圖片提供：iStock.com/Jun

總結

- 使用GAN可以生成臉部圖像或改變表情。
- 如何生成自然圖像和鑑別生成內容，是生成技術面臨的課題。
- 使用AI生成技術，可以擴增人類的創造力。

圖像辨識的方法和模型

AI也被用於「圖像辨識」，亦即用模型提取圖片中的資訊，並讓模型判斷「這張圖中有什麼」。圖像辨識技術可應用在自動駕駛和臉部辨識系統上。本章將介紹圖像辨識任務的種類，以及各種應用在圖像辨識領域的方法、模型、技術。此外，我們還將介紹深度學習的一些小技巧，以及評價圖像辨識精度的指標。

30 圖像辨識的任務

運用圖像辨識技術，AI可以做到很多事情。圖像辨識的主要任務包含圖像分類、物體偵測、圖像分割。本節將透過具體的例子介紹這些任務。

圖像辨識的三個主要任務

所謂的圖像辨識，就是**讓電腦去計算和提取圖像中的資訊**，判斷「圖像中有哪些東西」的技術。一張圖片中可能包含人、動物、風景等資訊。當人類看到圖片時，通常一眼就能看出這張圖片中有沒有動物，或是圖中一共有幾輛車等等。然而，電腦只能靠數字的排列來理解資訊。因此想用電腦（在沒有人類幫助下）自動提取圖像中的資訊，就需要特殊的計算方式。

圖像辨識可依照目的或圖像的性質等等分為各種不同任務。本節將介紹其中的圖像分類、物體偵測、圖像分割任務。

■ **圖像分類、物體偵測、圖像分割三大任務**

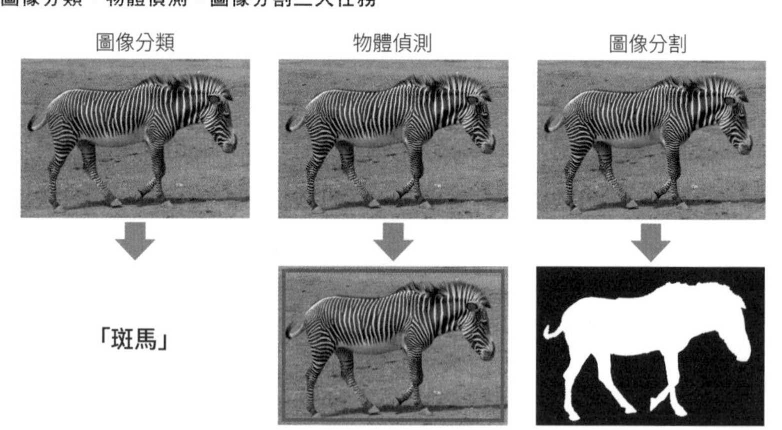

按類別分類圖片的圖像分類

所謂的圖像分類，就是**分類圖像屬於哪個類別（狗、狼、狐狸等）的技術**。比如在看到一張照片時，分辨這張照片拍到的是狗、狼、還是狐狸。下圖中，將一張狗的圖片輸入神經網路後，模型輸出的分類結果判斷有90%機率是狗，8%機率是狼，2%機率是狐狸。

■ 圖像分類模型分類輸入資料的概念

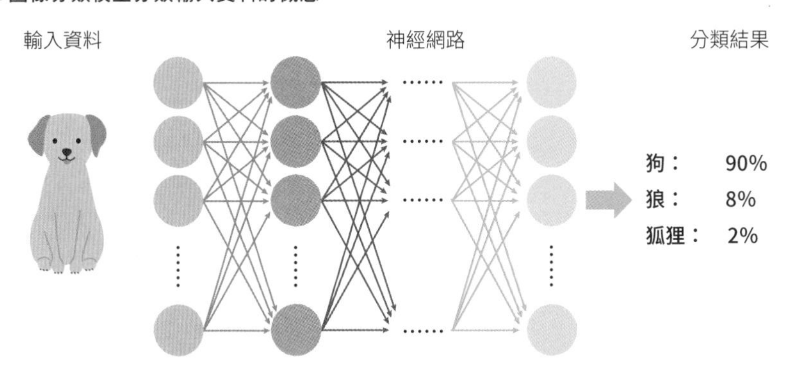

要讓深度學習模型有能力分類圖像，必須先教會模型「這張圖是類別A（狗）」、「那張圖是類別B（狼）」。這就好像一個人若從來沒見過狗，就不可能知道要從哪裡判斷一個東西是不是狗。因此，必須先收集大量要分類的圖片，然後將這些圖片按照類別分類，用整理好的訓練資料**讓電腦學習要觀察哪個特徵進行分類**。

偵測圖像中物體的物體偵測

所謂的物體偵測，是一種從圖片中**偵測特定類別（人、動物、汽車等）之物體的技術**。一般來説，其做法是用方形（**邊界方框**）框住物體，確定位置。以我們身邊的事物為例，智慧手機照相App偵測人臉並用方框圈出來的功能就是一種物體偵測技術。除此之外，物體偵測技術也被應用在製造、建築、醫療等各種領域中。

偵測的結果會包含偵測到的類別名稱、邊界方框的位置與大小。比如上圖中，鳥的偵測結果就包含屬於鳥的機率，以及框住鳥的邊界方框。例如途中最大

■ 物體偵測

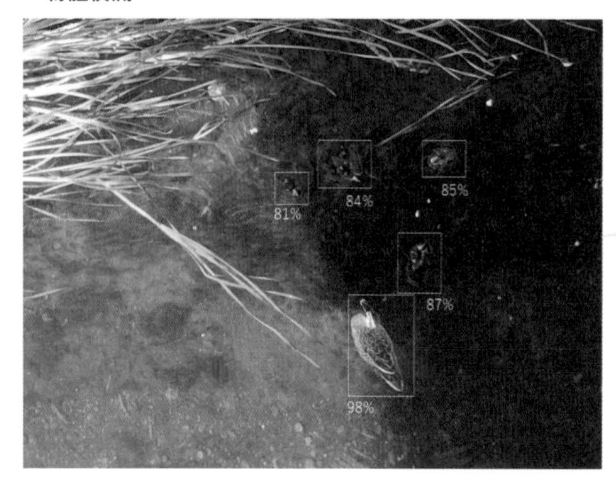

的邊界方框就顯示有98%的機率是鳥。

偵測物體的目的是為了**得知欲偵測物體的大致位置與大小**。邊界方框的位置和大小稍微不正確也無傷大雅。

替像素加上標記的圖像分割

圖像分割（參照P.139）是一種替圖片中的每個像素**加上顯示該像素意義之標記的技術**。跟物體偵測不同，圖像分割不只能得知欲偵測物體「在圖像中的哪個位置」，還能提取物體形狀的詳細資訊。圖像分割被應用在機器人控制與自動駕駛等需要精細辨識圖像的情境。

圖像分割可以分為「**語義分割**」和「**實例分割**」兩種。語義分割是對圖像中的每個像素標上「這是什麼東西」的技術。另一方面，實例分割是**以像素為單位替物體的實例加上標記**的技術。雖然叫實例（instance），但這裡指的其實是一個一個物體的意思。下頁圖的左邊是斑馬的圖片，右邊是斑馬的圖片分割。

要讓模型學會圖片分割，必須**準備大量做好標記的圖片當成訓練資料**，但要準備這些資料相當費時費力。因此，有開發者想出了只把圖片的一部分加上標記後餵給模型學習，或是活用低精度神經網路的結果等等技巧。

■ 圖像分割

總結

- 圖像分類是分類圖片屬於哪個類別。
- 物體偵測是偵測圖片中特定類別的物體。
- 圖像分割是替圖像中的每個像素貼上標記。

31 卷積神經網路（CNN）

卷積神經網路（CNN）是圖像辨識任務常用的技術。本節將介紹CNN組成元素中的卷積層、池化層、激勵函數、構造、以及損失函數。

提取圖像部分特徵的卷積層

神經網路的「卷積層」的工作，是對前一層的輸出進行「**卷積運算**」。卷積運算的原理是讓用行列表示的空間過濾器在圖像上滑動，計算**像素與過濾器各元素乘積的和**。過濾器的用途是提取圖像部分範圍的特徵（參照P.64）。下圖是用3行3列的過濾器，對一個6 × 6大小的輸入圖像進行卷積運算的例子。輸入圖像中數字是組成該圖像的像素亮度。對輸入圖像的左上計算與某個空間過濾器各元素之乘積和後，可以得到「114」這個數字，所以在卷積運算輸出的圖像上，要在對應輸入圖像之左上中心處的像素填入「114」的值。使用下圖的空間過濾器，可以得到強調了圖像垂直方向邊緣的輸出結果。藉由改變過濾器的數字組

■ 卷積運算的概念

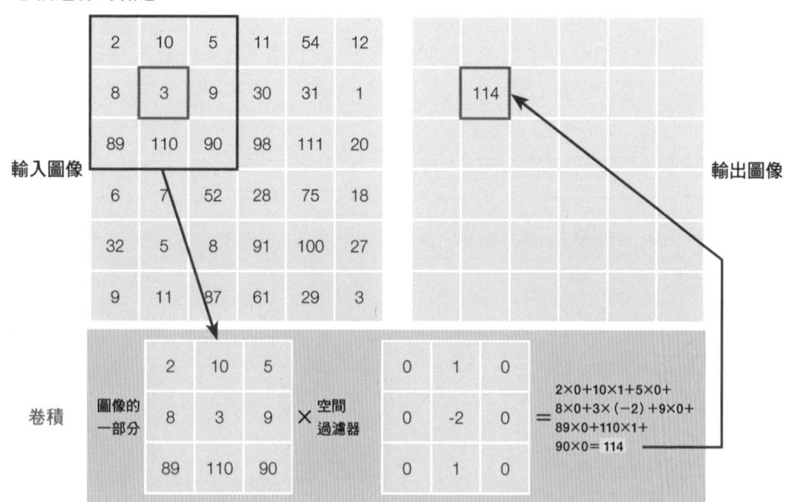

合，即可提取出縱向或橫向等各種模式。

卷積運算的靈感，來自大腦視覺區神經細胞中負責提取圖像特徵的簡單細胞的作用原理。除此之外，卷積運算還有「**膨脹卷積（Atrous Convolution）**」和「**逐深度卷積（Depthwise Convolution）**」等種類。

鎖定特徵的池化層

神經網路的池化層負責對前一層的輸出進行「**池化運算**」。所謂的池化，是一種從輸入圖像的特定範圍（窗口）的數值取出一個數值的運算，據說靈感源自大腦視覺細胞中的複雜細胞。池化，有返回窗口內最大值的「**最大池化**」，以及返回平均值的「**平均池化**」等。較常用的是最大池化。

■ **最大池化的例子**

4	−2	0	2
−2	9	−1	0
0	−1	9	−2
2	0	−2	4

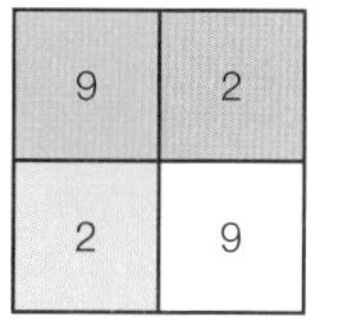

將池化層配置在卷積層之後，就能對卷積層的輸出計算窗口內的最大值（或平均值）。即使卷積層的數字組有些許差異，也能透過池化法輸出相同結果。

進行非線性變換的激勵函數

卷積是一種**輸入和輸出成比例的「線性運算」**。在線性運算中，將輸入和輸出化成圖後，會得到一條筆直的直線。但要讓神經網路精準地辨識圖像，模型就必須具有靈活性，因此需要輸入和輸出關係呈現曲線的「**非線性運算**」。而「**激勵函數**」正是為此而存在。

■線性運算與非線性運算的差異

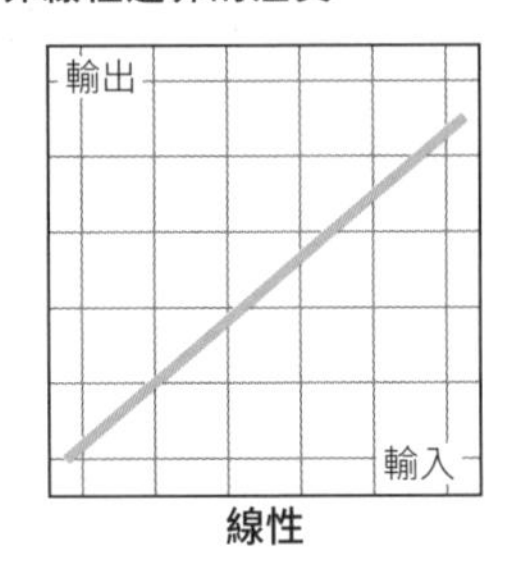

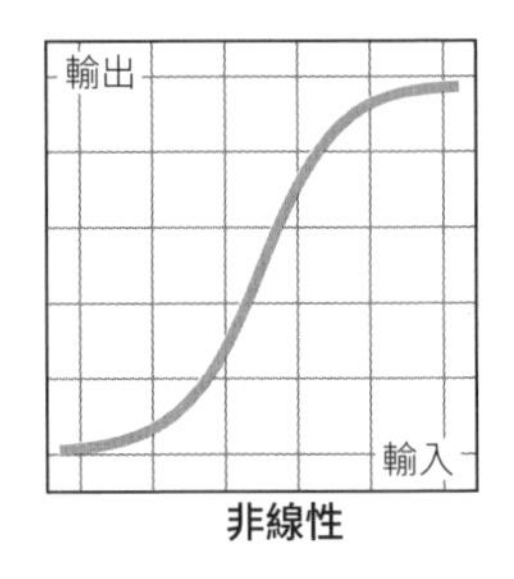

這裡介紹激勵函數中較有代表性的「**S型函數**」和「**線性整流（Rectified Linear Unit，ReLU）函數**」。S型函數是一個輸出值在0～1之間的連續函數，輸入值是正數且絕對值愈大，則返回的值愈接近1；輸入值為負數且絕對值愈大，則返回的值愈接近0。至於ReLU函數則是一個輸入值為正數時返回原值，輸入為負數時返回0的不連續函數，這種函數因為不容易發生「**梯度消失**」的現象，而且比較好計算，所以常常被使用。所謂的梯度消失，指的是學習超過某階段後就停滯不前的現象。

■S型函數與ReLU函數

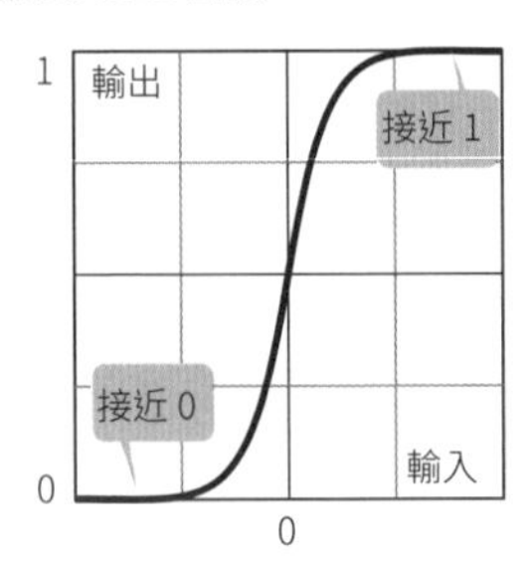

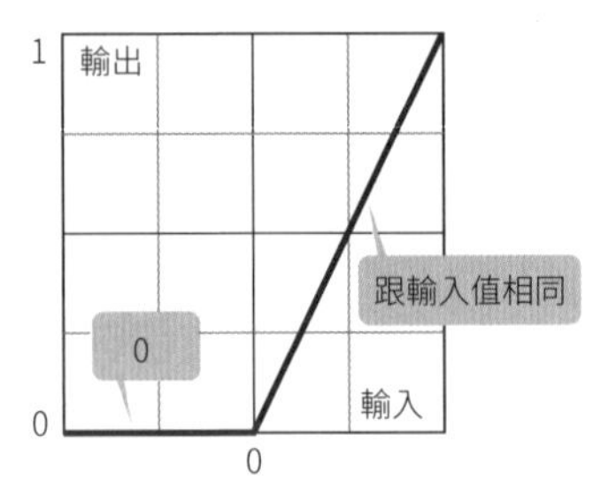

神經網路的架構

在神經網路中，卷積層和池化層等的排列方式，以及各層之間的連接方式就叫「**神經網路架構**」。P.164畫出了一種叫「AlexNet」的CNN的架構。圖中的方形代表對輸入進行處理，箭頭代表資料的傳遞方向。另外，卷積運算的空間過濾去的數值稱為「**參數**」。參數是在學習過程中算出來的。

圖像辨識使用的損失函數

神經網路會進行最佳化（學習）以使「**損失函數**」最小化。損失函數是用來計算「正解值」跟神經網路輸出的「推論值」的**差值大小**。

圖像辨識中常用的損失函數有「**交叉熵損失**」和「**平方和損失**」。交叉熵損失計算的是「正解值」與「推論值」的分佈相似性。而平方和損失是「正解值」和「推論值」中每個像素的亮度差平方相加的值。圖像分類和圖像分割常用交叉熵損失函數，而物體偵測常用平方損失函數。

■ 交叉熵損失

$$E = -\sum_{k} T_k \log y_k$$

T_k：正解值
y_k：推論值

■平方損失

$$E = \frac{1}{2}\sum_{k} (T_k - y_k)^2$$

總結

- 在神經網路中，卷積層與池化層等的排列方式，以及各層間的連接方式等稱為「架構」。
- 損失函數用於表示正解值和推論值的差值大小
- 圖像辨識常用交叉熵損失和平方損失函數。

32 引爆圖像辨識發展的CNN

自CNN應用在圖像辨識後，圖像辨識領域便有了長足的進展。本節將介紹這個發展的契機「AlexNet」，也會稍微講解AlexNet模型的使用方式。

將深度學習引進圖像分類的AlexNet

「AlexNet」是2012年由辛頓教授指導的團隊發表的**圖像分類架構**。AlexNet是**第一個將深度學習概念引入圖像分類的架構**，在當時的圖像分類競賽「ImageNet Large Scale Visual Recognition Challenge：ILSVRC」上取得了飛躍性的成果。

在2012年以前，圖像分類模型都是由人類依照物體的顏色、亮度、形狀來設計特徵過濾器，因此能否設計一個有效的特徵過濾器非常重要。然而AlexNet證明了只要有充足的資料，**CNN就能自動設計特徵過濾器**。

AlexNet如下圖所示，是由五個卷積層（藍色方塊）、三個池化層（粉紅方塊）、三個全連接層（黃色方塊）組成。輸入資料是224 × 224的圖片，輸出資料是一個有1000個元素的向量，分別代表1000個類別。全連接層負責提取輸入該層的特徵進行線性變換，並根據變換的結果用非線性變換計算分類機率。

■ AlexNet的架構

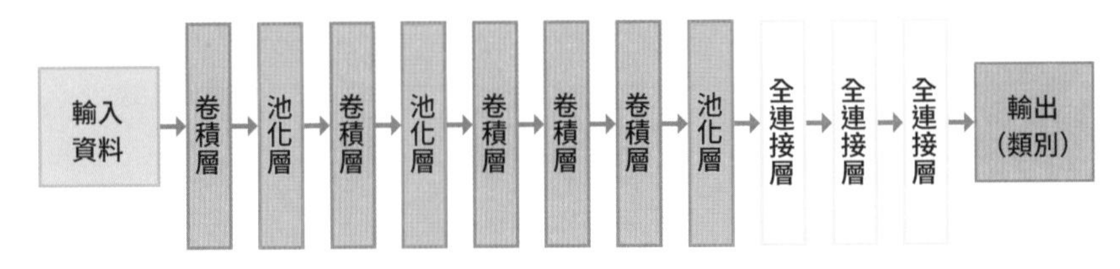

出處：參考Alex Krizhevsky, Ilya Sutskever, Geoffrey E. Hinton「ImageNet classification with deep convolution neural networks」圖2製作

AlexNet吸納的幾個概念對後來的開發帶來重大影響，成為如今的標準技術。

令AlexNet成名的基準測試資料集

為了解各種架構的優劣，開發者們會讓模型使用公開的資料集進行學習和推論，比較不同架構之間的精度。這種精度的比較，一般俗稱「**基準測試（benchmark）**」。

在圖像分類基準測試用的公開資料集中，其中一個較有名的是「**ImageNet**」。ImageNet是一個**包含1400多萬張圖片的大型彩色照片資料集**。裡面的圖片都附有標記，比如貨輪、摩托車、花豹等等，標明這張圖片的內容是什麼。

在2010年到2017年間，每年都會舉辦一個名為「ILSVRC」的圖像分類競賽。這項競賽使用的資料集就是ImageNet。ImageNet目前仍有很多人使用，對圖像辨識技術的進步有很大貢獻。

■ ImageNet的一部分圖片

ImageNet的圖片一例

出處：基於「t-SNE visualization of CNN codes」（史丹佛大學官網）、Alex Krizhevsky, Ilya Sutskever, Geoffrey E. Hinton「ImageNet classification with deep convolution neural networks」（ACM Digital Library）製作

AlexNet等已訓練模型的使用

深度學習由學習和推論這兩個階段組成。在學習階段，必須準備大量的訓練資料，依照圖像分類等任務類型訓練神經網路。完成學習後，即可得到架構**參數（權重）已填有數值的已訓練模型**。在推論階段，就可以使用已訓練的模型推論

對象資料，輸出結果。比如將貓咪的圖片輸入模型，模型就會輸出「貓」的分類結果。只要取得已訓練模型，即使不自己訓練模型，也能在輸入推論的對象資料後看到結果。現在網路上也有開放用ImageNet訓練好的AlexNet模型給公眾取用。

■ **學習與推論的流程**

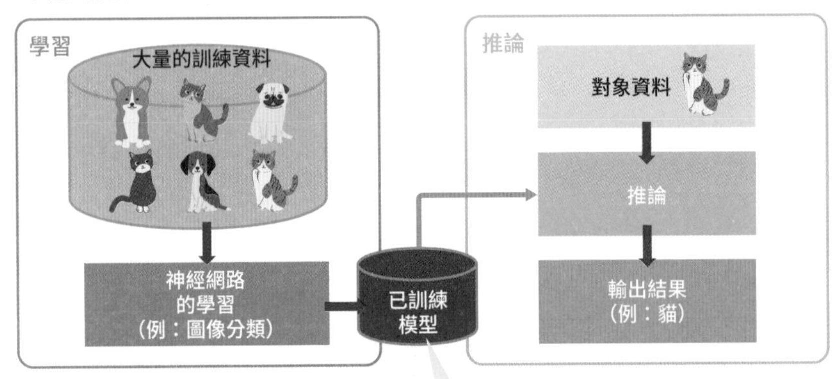

AlexNet等已訓練模型的轉用

已訓練模型雖然方便，但別人訓練的模型不一定適合你想推論的對象資料。這種時候「**遷移學習**」就能夠派上用場。所謂的遷移學習，就是讓已用特定domain的訓練資料訓練好的模型，去學習另一個domain的對象資料。

遷移學習可分為**用已訓練模型去提取特徵的方法，以及微調已訓練模型參數（fine tuning）的方法**（參照P.116）。在特徵提取方法中，我們會把已訓練模型嵌入一個新的模型中，然後用嵌入的模型從要推論的對象資料提取特徵，而新增加的層只需學習參數。舉個例子，假設我們製作了一個已學習過狗和貓這個特定domain之圖片的模型，然後想用遷移學習讓這個模型學會辨識「花」這個新的domain。此時，我們可以將用貓狗圖片訓練好的模型中除最終層外的參數全部固定住，然後讓模型去提取花的特徵，只讓最終層去學習花的特徵，如此一來即可快速得到一個適應了花朵domain的已訓練模型。

另一方面，微調方法的做法是把已訓練模型的參數當成預設值，然後對該模型的一部分或全部參數進行微調。此時，我們便會用非常低的學習率（參照

■ 遷移學習的概念

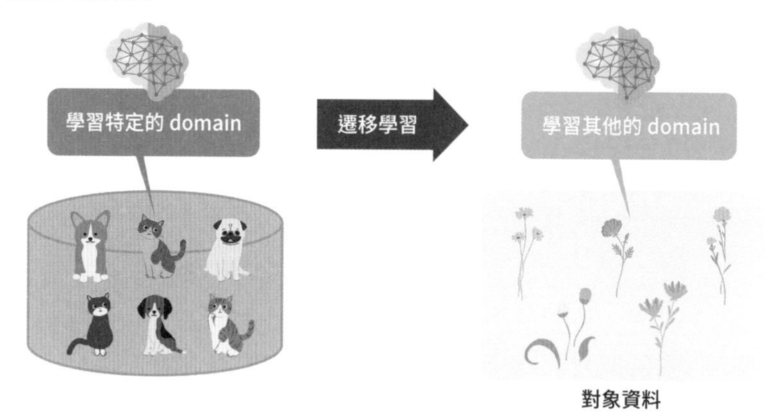

P.178）來微調參數值。由於已訓練模型的一部分參數也學習了新的資料，故可得到很高精度的模型。

總結

- AlexNet讓圖像分類的精度有了飛躍性提升。
- 網路上已有用ImageNet訓練好的AlexNet模型開放公眾使用。
- 已訓練模型可用於遷移學習。

33 CNN的精度與大小平衡

在AlexNet問世後，開發者們又想出了各種各樣的CNN模型。首先，我們要綜覽一下模型精度提升的歷史，然後再介紹一個用最少的參數數量實現了超高精度的模型「EfficientNet」。

CNN精度提升的歷史

AlexNet在圖像分類任務上展現出壓倒性的超高精度，令CNN成為圖像辨識任務的主流方法。自AlexNet問世後，每年都有人想出新的CNN模型，致力於提升模型的精度。

究竟應該使用何種架構，才能提升圖像辨識任務的精度呢？開發者們試圖在卷積層的空間過濾器大小和層的排列方式上下工夫，或是嘗試增加神經網路層數，想出了各種各樣的架構。最後開發者們發現，提升CNN精度的關鍵在於**層數（深度）**、**特徵數（寬度）**、以及**解析度**上。

將神經網路層數增加到比普通CNN架構更多，就能提升模型精度。**使用殘差區塊的CNN「ResNet」**證明了這點。所謂的殘差區塊，就是在普通CNN的架構$F(x)$中加入輸入資料x的區塊。因為在這個區塊中，$F(x)$跟x是殘差關係，所以稱為殘差區塊。ResNet將幾十層殘差區塊連起來，實現了比普通CNN架構更高的精度。畢竟深度學習（deep learning）本來就是「深層」的學習，「深度」的重要性不言而喻。

而CNN的特徵數（寬度），指的則是卷積層的**輸出通道數量**。「Wide ResNet」便是一個藉由增加通道數量來提升精度的例子。

另外，還有人觀察到**提高輸入圖像的解析度**也能提升推論的精度。一般認為這是因為高解析度的圖片可以讓CNN提取到更細的型態。ImageNet的圖片都是邊長224像素的正方形，而有案例證明改用邊長480像素的高解析度圖片可以提高模型精度。

■ 普通的CNN與殘差區塊

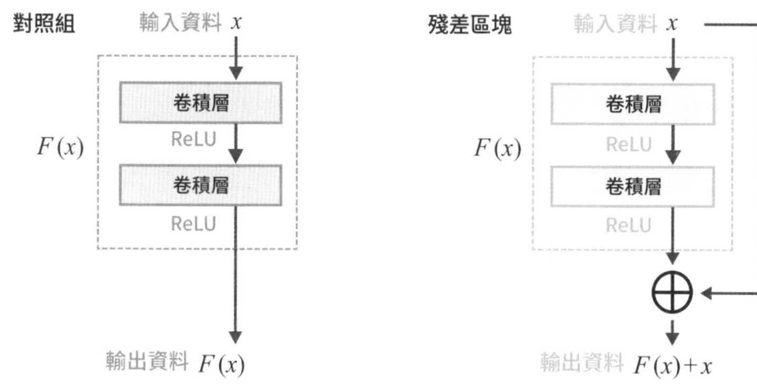

出處：參考Kaiming He, Xiangyu Zhang, Shaoqing Ren, Jian Sun「Deep Residual Learning for Image Recognition」圖2製作

在精度與尺寸之間找到平衡的EfficientNet

前面我們看過了透過提高CNN的深度、寬度、以及資料解析度來提升圖像分類精度的例子。然而，用這種方法改良模型，會讓CNN要訓練的參數數量（模型大小）增加；但CNN變大後，電腦就得加裝更多記憶體。同時，人們也發現模型增加一倍，精度並不會也跟著提升一倍。

因此，為了在不增加電腦記憶體使用量的情況下有效提高模型精度，Google在2019年開發了重視CNN的**深度d、寬度w、解析度r之平衡的新型CNN（EfficientNet）**。在此模型中，因為要個別改變深度、寬度、解析度找出最合適的值，候補會變得太多，故如下式所示，讓α、β、γ同時隨著ϕ變化，可以更有效地提升精度。

$$d=\alpha^{\phi},\ w=\beta^{\phi},\ r=\gamma^{\phi} \quad (\alpha \cdot \beta^2 \cdot \gamma^2 \fallingdotseq 2,\ \alpha \geqq 1,\ \beta \geqq 1,\ \gamma \geqq 1)$$

其中α、β、γ是由「**網格搜尋**」決定的常數。所謂的網格搜索，是一種將要找的值（α、β、γ）的空間切成格子狀，然後根**據網格上的值的組合搜索合適值的方法**。ϕ是由使用者設定的係數，依電腦的記憶體大小決定。當ϕ變大，CNN的深度、寬度、解析度都會同步變大。通常ϕ會設定在1～7之間。在EfficientNet之前，普通的CNN架構都是單獨地去改變寬度、深度、以及解析度，但EfficientNet卻用比傳統更少的參數數量，在2019年實現了最強的模型性能。另外2021年時開發團隊也想出了改良版的EfficientV2。

■ 傳統的搜尋與EfficientNet的搜尋

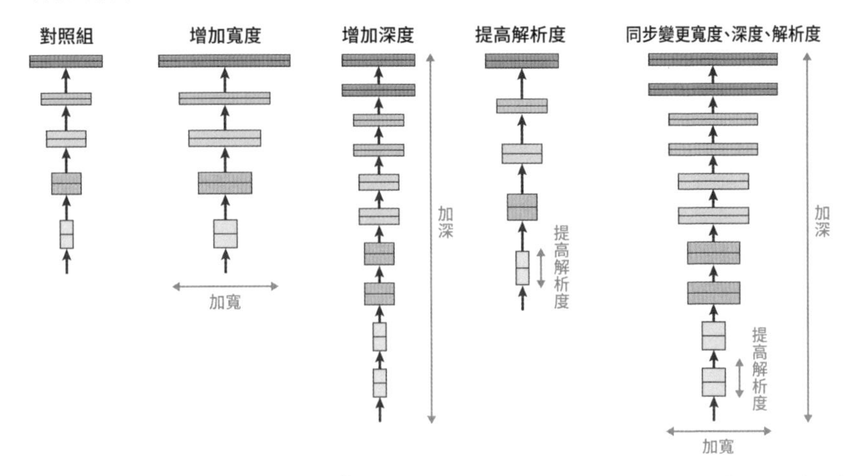

出處：參考Mingxing Tan, Quoc V. Le「EfficientNet: Rethinking Model Scaling for Convolutional Neural Networks」圖2製作

使用EfficientNet偵測物體

下面介紹一個用高性能圖像分類模型偵測物體的應用例。Google在2020年開發了使用EfficientNet偵測物體的模型「**EfficientDet**」。EfficientDet的構造如P.171上圖所示。第一步是用EfficientNet以多種解析度提取圖像的特徵，然後加以混合（BiFPN），最後根據結果輸出物體的類別與邊界框（prediction net）。

BiFPN用到了一種名為「**特徵金字塔（feature pyramid）**」的概念。特徵金字塔就是不同解析度的特徵圖的集合。比如P.171的下圖，模型只能從右上圖偵測出小房子，並只能從1/4解析度的右下圖偵測出大房子。而特徵金字塔同時使用了這兩張圖，因此兩間房子都偵測得到。運用了特徵金字塔的EfficientDet在當時刷新了SoTA（State-of-the-Art，最高精度）紀錄。

■ EfficientDet的架構

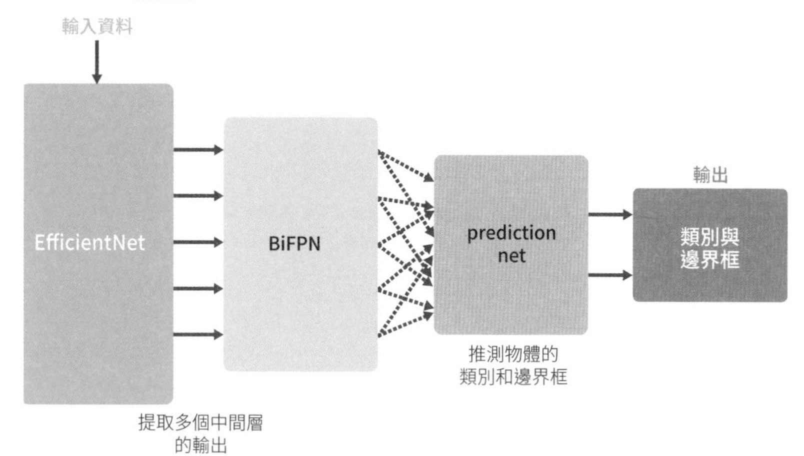

出處：參考Mingxing Tan, Ruoming Pang, Quoc V. Le「EfficientDet: Scalable and Efficient Object Detection」圖3製作

■ 特徵金字塔

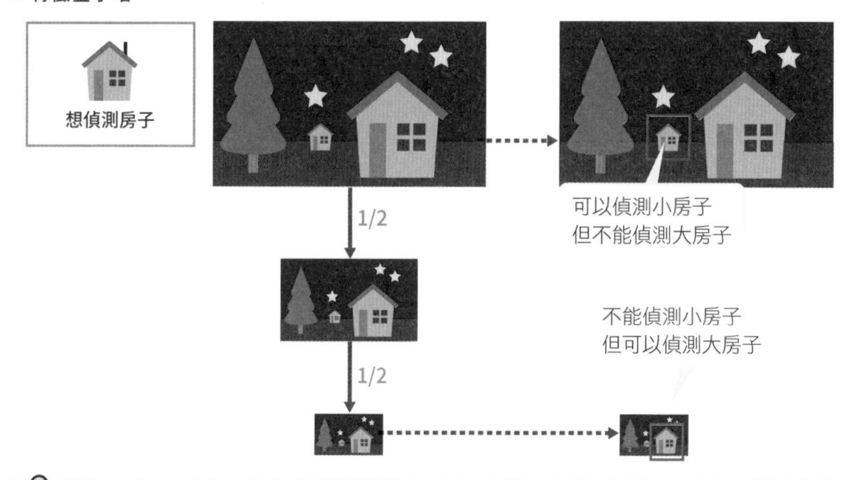

總結

- 改變CNN的深度、寬度、解析度可以提高精度。
- 開發者開發出了可高效改變深度、寬度、解析度的EfficientNet。
- EfficientNet可應用於物體偵測任務。

34 訓練的技巧1

在深度學習中，想有效學習數以百萬計參數（權重），就必須運用一些小技巧。本節將介紹其中的「資料增強（data augmentation）」與特徵標準化。

為什麼需要訓練技巧？

深度學習常遇到的一個問題是「**過擬合（overfitting）**」。使用訓練資料進行深度學習時，模型實際上是在求數以百萬計的參數（權重）數值。有時這些參數的數量甚至遠遠超過訓練資料的數量。比如，求一條通過指定點的直線$y=ax+b$時，因為要求的參數有a和b兩個，因此至少需要兩個訓練資料才能計算。而在深度學習中，因為網路層數很多，所以要求的參數數量往往比訓練資料的量更多。這就像是只給我們1個點的座標，卻要我們求一條通過指定點的直線$y=ax+b$。因此可能會遇到**即使模型正確學習了訓練資料，仍無法正確預測未知資料（測試資料或推論資料）**的情況。這就是過擬合。導致過擬合的原因，除了訓練資料不夠多外，也可能是因為訓練資料有偏差。

要解決過擬合問題，最好的方法是**增加訓練資料**。只要訓練資料夠多，理論上就讓能模型學會應對各種不同的情境。而有時我們也可以用現有的訓練資料來憑空產生虛擬的訓練資料。這種技巧就叫「**資料增強**」。

可憑空變出資料的資料增強

資料增強是一種對訓練資料進行翻轉、旋轉、放大縮小，**以虛擬方式增加資料數量的技巧**。對訓練資料圖片中的物體進行翻轉、迴轉、或放大小縮小時，最好是在真實世界中確實有可能發生的範圍內進行，才能讓模型正確地辨識物體。

「**翻轉（flip）**」指的是將圖片左右或上下反過來。此方法有助於降低「訓練資料中幾乎都是從右邊拍的臉，幾乎沒有從左邊拍的臉」這類圖像偏差。「**旋轉**」則是在指定的角度範圍內旋轉圖片。在物體偵測等任務中，如果想讓模型在圖片角度有點偏移的狀態下也能順利偵測出目標，那麼旋轉是個很有效的方法。由於這類資料增強技巧常常被用到，因此多數「**深度學習框架**」（比如python）都會事先做好相關功能。

2020年，一群曾在模型開發競賽Kaggle上奪得佳績的工程師公開了資料增強用的程式庫「**Albumentation**」。這個程式庫中包含了可高素進行「模糊圖像」、「黑白化」、「改變RGB通道」等總計超過70種資料增強的工具。Albumentation是免費公開的，任何人都能下載使用。

目前資料增強仍是許多開發者們致力研究的主題。除了前面介紹的比較容易理解的圖像變換方法外，資料增強中也有第4章介紹的**使用生成模型**的方法。由於資料增強對某些資料集有效，對某些資料集沒什麼幫助，因此進行時必須考慮任務的特性和圖像的偏差性，反覆測試。

■ Albumentation中的資料增強一例

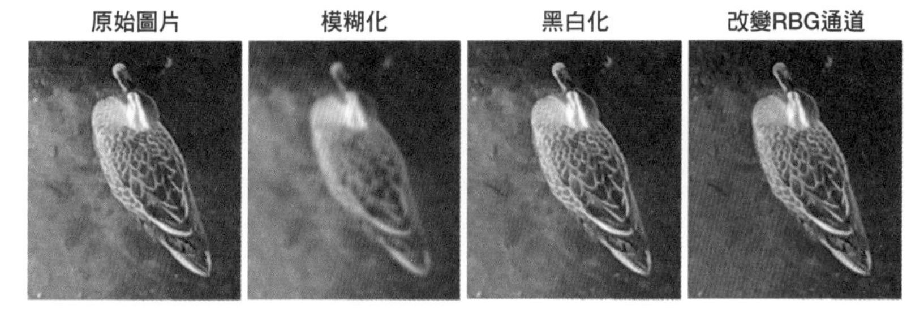

特徵的標準化

已知深度學習的訓練資料與推論資料之間很容易產生偏差（參照P.125）。比如製作一個用於分類狗的圖片和不是狗的圖片的模型時，如果訓練資料中的兩種圖片張數比例是7：3，而推論資料是3：7的話，那麼這兩種資料就會發生偏差。而**降低偏差的手段之一便是特徵標準化**。

標準化的意思就是**使資料的平均值為0，標準差為1**。做特徵的標準化時，我們會用特定規則對特徵進行標準化。特徵的標準化被認為是確保神經網路學習順利的重要技術，因此開發者們想出了各種不同的標準化方法。

這裡先講解一下中間層輸出的特徵長得什麼樣子吧。中間層輸出的特徵，是一個由長、寬、通道數（channel）、批次大小（batch size）組成的四維資料。

所謂的通道數，指的是電腦一次處理的資料數量，這批資料塊俗稱「迷你批次」。比如下圖就是一個長寬、通道數、批次大小皆為4的迷你批次。

而下面介紹四種特徵的標準化：批次標準化、層標準化、實例標準化、組標準化。

■標準化的例子

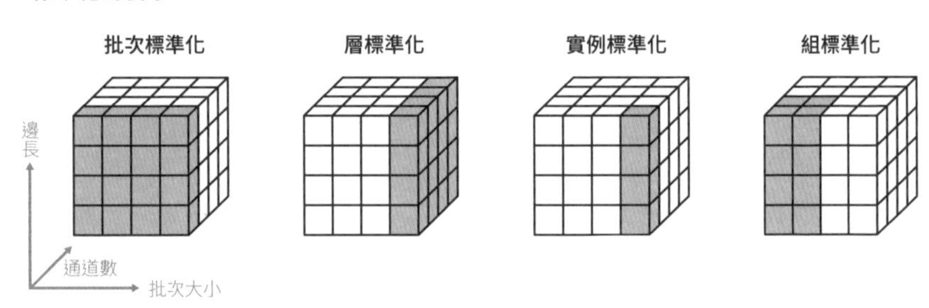

出處：參考Yuxin Wu, Kaiming He「Group Normalization」圖2製作

●批次標準化（batch normaliztion）

在選擇某通道時，在縱向、橫向、批次方向上，選擇所有的特徵做**標準化**。換言之就是對迷你批次中的每個特徵圖做標準化。在P.174的例子中，一次標準化的特徵就是藍色的部分。而迷你批次的通道數是4，而每個通道都要做一次標準化，所以一共做4次標準化。

●其他的標準化

除了批次標準化，開發者還想出了**層標準化（layer normalization）、實例標準化（instance normalization）、組標準化（group normalization）**。

層標準化是在**選擇某個批次後，對縱向、橫向、通道做標準化**。P.174的迷你批次的批次大小是4，故一共做4次標準化。層標準化即使批次大小是1也能使用，因此常被用在處理連續資訊的RNN中。

實例標準化是在**選擇某通道和某個批次後，對縱、橫兩方向做標準化**。P.174中的迷你批次通道數與批次大小都是4，所以一共要做16次標準化。實例標準化一般被用在StyleGAN（參照P.149）等轉換圖像風格的任務中。

而組標準化是將資料分組，然後**選擇某個組，再對選擇的組進行標準化**。在P.174的迷你批次中，因批次大小為2，通道數也是2，故一共要做4次標準化。

組標準化在多種條件下都被證明可比批次標準化提升更多精度。

總結

- 要算出數以百萬的參數值，就必須運用一點訓練技巧。
- 資料增強技巧可以用虛擬方式增加訓練資料。
- 為了減少資料偏誤，開發者會對特徵做標準化。

35 訓練的技巧2

前一節說到，因為深度學習必須計算數以百萬計的參數（權重）數值，因此在訓練時必須運用一點小技巧。而本節將繼續介紹訓練時的最佳化方法以及「Dropout」的概念。

學習最佳化

先前說過，在監督式的深度學習中，模型會使用訓練資料去計算可使損失函數最小化的參數（權重）值。而下面我們將講解用於計算這類參數的**最佳化演算法**。

最古老的參數最佳化方法有「**梯度下降法**」。梯度下降法的做法是用參數對損失函數做微分，**逐次找出更小的損失函數，然後往此方向調整參數**。英語叫Gradient Descent，又叫「最陡下降法」。

用梯度下降法進行深度學習的步驟如下。

① 將訓練資料全部輸入深度學習模型，讓模型輸出數值

② 用輸出值和正解值計算損失函數的值

③ 用參數對損失函數做微分

④ 用微分後算出的值更新參數→回到①

梯度下降法存在著**當計算陷入不是最佳解的極小值時會跳不出去**的缺點。因為對極小值做微分會變成0，所以沒辦法繼續找出更優解。比如在P.177的上圖中，當損失函數為紅色箭頭的值時可以得到參數的最佳解，但計算卻困在藍色箭頭的極小值區，無法找到正解。而「**隨機梯度下降法（Stochastic Gradient Descent，SGD）**」解決了梯度下降法中的極小值問題。SGD顧名思義，是一種**具有隨機性的梯度下降法**。它會先對訓練資料進行重新排列，然後隨機抽出資料來計算損失函數的值，不斷更新參數。由於SGD每次都隨機使用不同訓練資料，因此就算上一個資料陷入極小值，下一個隨機選出的訓練資料也（很可能）會算出更大的損失值，重新大幅更新參數，更容易脫離極小值陷阱。

不論是梯度下降法還是SGD，其原理都是逐次更新參數來找出最小值，同

■ 尋找損失函數的最小值

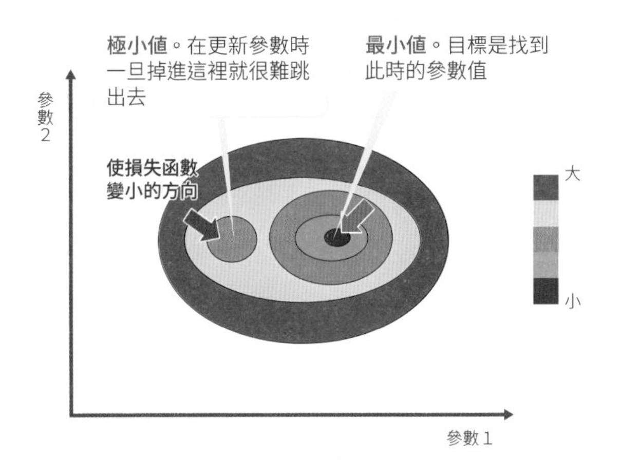

時這項技術也能加快模型的學習速度。

拖累模型學習速度的其中一個原因是「**pathological curvature（病態曲率）**」。所謂的pathological curvature就是P.178圖中的尖銳窪形部分。在更新參數時，如果計算結果一直在這個窪形的左右跳來跳去（振動），就會一直找不到損失函數的最小值。

■ 梯度下降法與SGD的差別

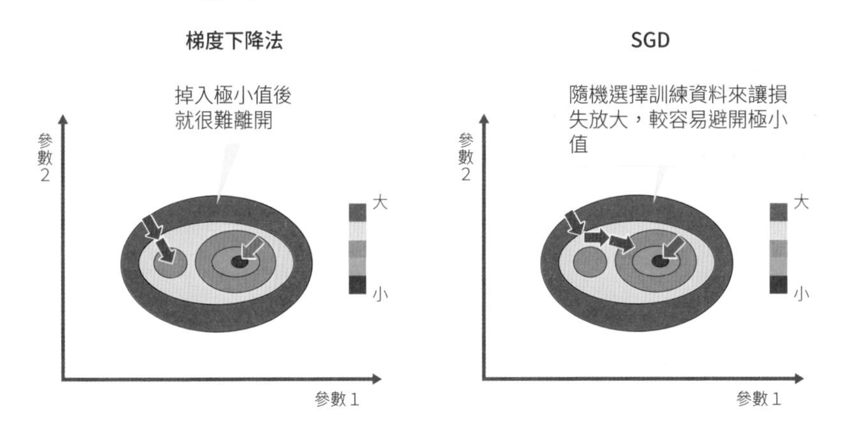

■ pathological curvature

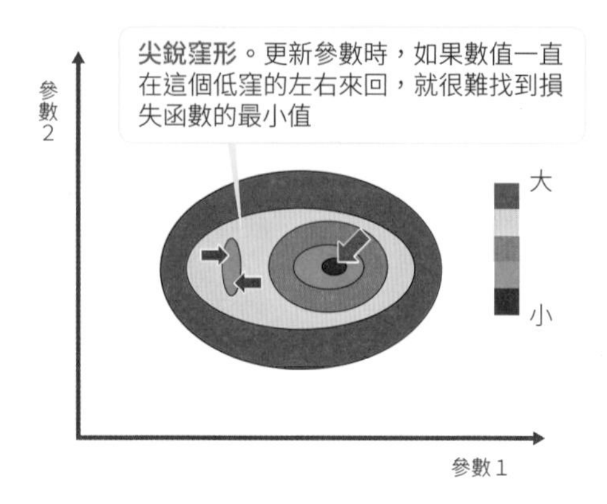

為抑制損失函數的值振動，通常會使用「**Momentum（動量）**」和「**Root Mean Square Propagation（RMSProp）**」。**動量會考慮損失函數過去的變動來抑制振動**。計算方式是以前一個梯度v_{t-1}的貢獻為β（0到1之間的常數），以當前梯度G的貢獻為$1-\beta$，然後如下式計算梯度v_t的移動平均值，將參數w的值從w_{t-1}更新到w_t。參數更新公式中的α是根據梯度值決定參數應改變多少的值，稱為「**學習率**」。

■ **動量的公式**

$$v_t = \beta v_{t-1} + (1-\beta)G$$
$$w_t = w_{t-1} - \alpha v_t$$

RMSProp則是依照梯度的平方平均數RMS來調整學習率。首先如下式更新梯度的移動平均數v_t然後用當前梯度G除以v_t的平方根，再依照除得的值更新參數w。透過這個更新就能將表面的學習率降低到$1/\sqrt{v_t}$倍，控制損失函數的值振動。

■ **RMSProp的公式**

$$v_t = \beta v_{t-1} + (1-\beta)G^2$$
$$w_t = w_{t-1} - \frac{\alpha}{\sqrt{v_t + \varepsilon}} G$$

此外還有一個被廣泛應於所有模型，幾乎可說是行業標準的**最佳化演算法叫「Adam（Adaptive Moment Estimation，自適應動差估計）」**。Adam組合了透過移動平均來抑制振動的動量，跟透過調整學習率來抑制振動的RMSProp，來將參數w的值從w_{t-1}更新到w_t。對於參數的更新，動量、RMSProp、Adam的著眼點分別如下。

■ 各種最佳化方法的著眼點

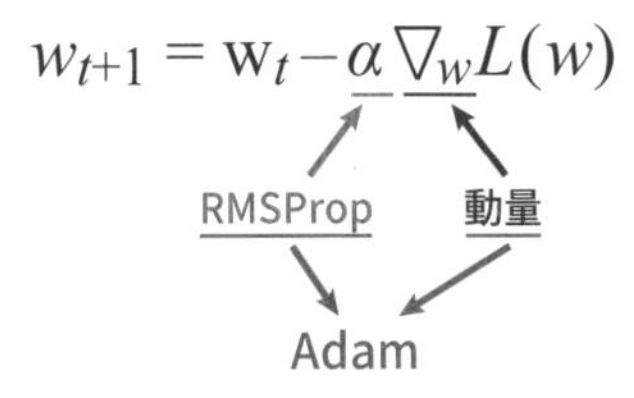

可減少過擬合的Dropout

Dropout會在學習時**惰性化特定的節點**。具體來說，此算法的原理是隨機提取特徵的成分，然後將該成分替換成0。比如，假設有一個特徵組是［0.2, 0.4, 1.3, 0.8, 1.1］，應用Dropout之後，這個向量就會變成**隨機含有0**的向量，像是［0, 0.4, 1.3 , 0, 1.1］。這麼做可以**防止局部的特徵被過度重視**，提升模型的穩健性。所謂的穩健性（robustness），指的是就算輸入了大幅偏離常態值的極端資料，模型依然能夠保證精度。因此，Dropout也被視為一種可防止過擬合的標準化方法。

總結

- 深度學習的目標是最小化參數相對於訓練資料的損失函數的值。
- 為了最佳化參數，開發者們想出了SGD和Adam等方法。
- Dropout是用來減少過擬合的情形。

36 深度學習的可解釋性

深度學習常常遇到內部運算為黑箱狀態（參照P.32）的問題，但近年的研究也找到了一些可揭示模型推論根據的方法。本節將從三種不同的途徑介紹揭開模型黑箱的方法。

深度學習是一個黑箱子？

由於深度學習的精準度比由人類替電腦設定規則的方法更好，因此有望在自動駕駛和輔助醫療診斷等眾多領域落地應用。然而，深度學習模型的參數數量非常龐大，會在模型內進行大量運算，因此也存在著**難以得知推論根據**的問題。比如在圖像分類方面，人們很難知道模型是根據什麼而認為這張圖是「花」，也不知道內部的計算原理，因此深度學習模型常常被比喻成一個「黑箱子」。

但要把深度學習模型應用到現實中，有時就必須要清楚解釋模型的推論根據。比如，當自駕車發生車禍時，我們一定得了解「事故發生時模型做了何種判斷」。除此之外，在追究事故的原因和責任歸屬，以及改良模型時，也都**必須了解模型推論的依據**。

而在醫療領域，業界對能從照片找出病灶的圖像辨識技術的需求也日益攀升。而就跟交通領域一樣，醫生在使用AI時也必須知道「模型為什麼認為這裡有病變」。模型只是根據資料進行推論，過程中不參雜任何私人感情；但在攸關人

■ 黑箱化的深度學習

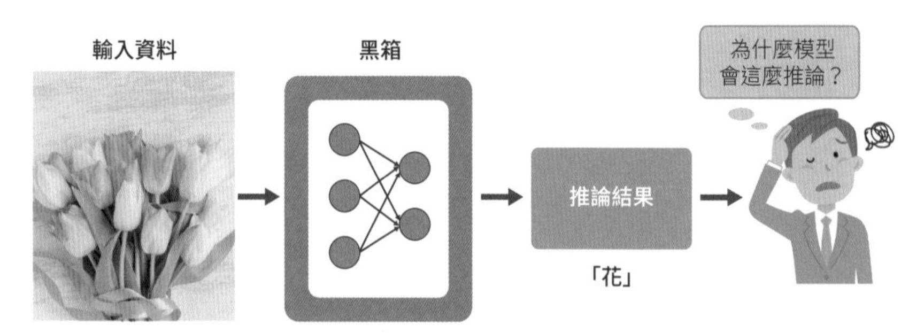

命的場面，我們很難用一句「我也不知道為什麼」就打發當事人。

因此，科學家和開發者們都致力於解釋深度學習的結果，研究如何打造可解釋「為什麼模型會輸出這個結果」的**可解釋AI（eXplainable AI，簡稱XAI）**。順帶一提，XAI一詞源自美國DARPA（Defense Advanced Research Projects Agency，國防高等研究計劃署）主持的一個研究項目，後來被社會廣泛使用。

解釋推論依據的三種途徑

解釋神經網路推論依據的方法，大致分為「**視覺化呈現**」、「用**文本呈現**」、「**用數值呈現**」這三種途徑。

●視覺化呈現

以視覺化方式呈現推論根據的方法，有**將特徵視覺化**的方法，以及**疊加熱點圖呈現**的方法。特徵視覺化方法，是將數千維的特徵向量投影到低維空間，比如二維平面上，將各類別的分布差異用圖形呈現出來。比如P.55的圖就是對0～9的手寫數字圖片提取特徵後投影出來，用不同顏色代表各個數字的結果。因為不同數字的分布位置不同，故可清楚看到各個類別被分到不同類。比如「1」的特徵集中分布在（－50, 0）附近。「PCA」（參照P.55）和「t-SNE」（參照P.55）都是可以將特徵視覺化，而**特徵分布屬於線性的話通常使用前者，屬於非線性的話使用後者**。

至於將熱點圖疊加在圖像上的方法，則是**把深度學習模型在推論時關注的區域變成熱點圖，疊加在圖片上**。比如P.182的左圖是一張模型推論是「吉娃娃」的照片，而右圖則是AI做出這個推論時所關注的區域。從右圖可以看出，AI主要是根據圖片的中間和左下區域推論出「吉娃娃」的結論。這種視覺化常使用「**CAM（Class Activation Mapping）**」來實現。

CAM是將神經網路中間層的特徵圖，依照貢獻率（w_1，w_2，……，w_n）把n個に個特徵加上參數後疊加而成的圖。在做圖像分類時，若模型推論某圖片有90%機率屬於「吉娃娃」，那麼根據最終層對「吉娃娃」這個分類結果的貢獻率和中間層的特徵圖，就能製作出下圖這樣的熱點圖。

■ 以視覺化方式呈現推論依據的CAM

■ CAM的演算法

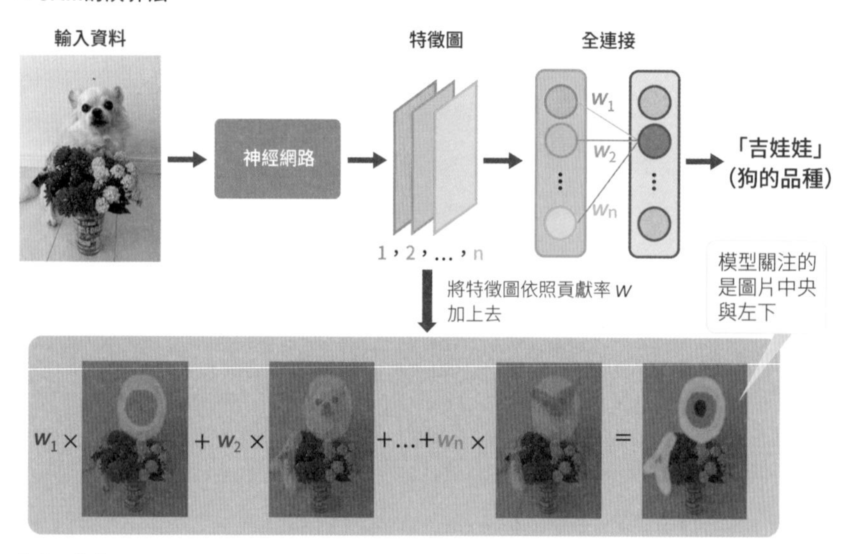

出處：參考Bolei Zhou, Aditya Khosla, Agata Lapedriza, Aude Oliva, Antonio Torralba, Computer Science and Artificial Intelligence Laboratory, MIT「Learning Deep Feature for Discriminative Localization」（MIT CSAIL）的圖2製作

●用文本呈現

用文字來呈現模型推論依據也很有效。比如我們可以運用文章生成技術，來生成解釋圖像分類依據的文章。下圖便是用文章來輸出分類結果的依據。

■ 輸出解釋圖像分類判斷依據的本文

解釋文本
這張圖是斑馬。因為它是馬的形狀，
有黑白條紋。

●用數值呈現

使用深度學習的理由之一，就是「想區分的類別沒有明確分界」。但即便如此，如果只看一個小區域的話，還是可以用接近直線的圖形來表現不同類別的邊界。而我們利用這一點來得知「何種特徵可以有效運作」，其中一種方法便是「**Local Interpretable Model-Agnostic Explanation（LIME）**」。使用LIME，可以讓模型輸出**特定資料附近的重要特徵**。在下圖的分布中，雖然紅色類別跟藍色類別的分類邊界線形狀很複雜，但若只看圖中右上角用方塊框起來的區域，基本上可以邊界看成一條往右下斜的直線。將模型部分近似為線性函數，可讓開發者更容易解釋模型的預測根據。

■ 用數值呈現依據的例子

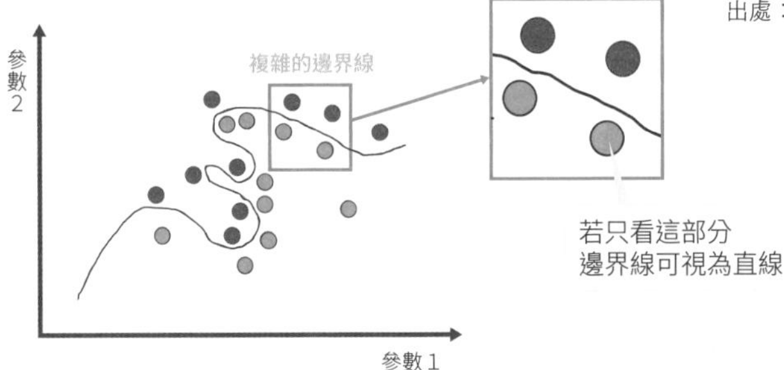

出處：參考Marco Tulio Ribeiro, Sameer Singh, Carlos Guestrin「"Why Should I Trust You?": Explaining the Predictions of Any Classifier」的圖3製作

總結

- 目前解釋深度學習模型推論根據的XAI研究十分盛行。
- 模型的推論依據可以用視覺化、文章、或數值呈現。

37 圖像辨識的評價指標

圖像辨識型的精度可以用數值來評估。本節將介紹圖像分類、圖像分割、物體偵測的各種模型經常利用的精確度、召回率、F1-score等指標。

圖像分類的指標

圖像分類模型常使用**「精確度（precision）」**、**「召回率（recall）」**、**「F1-score」來評估**推論的結果。這裡我們用陽性和陰性的二元分類來理解。

精確度指的是**被推論為陽性的結果中，實際上真的是陽性的比例**。而召回率則是指**實際為陽性的資料中，被模型推論為陽性的比例**。

假設我們拍了22名受試者的照片，並使用可分類感染者的AI模型進行推論，打算從中找出感染病毒的病患。結果有8人被模型判斷為陽性，14人為陰性。我們把這8人放在圓圈內，陰性的14人放在圓圈外（P.185的上圖）。但模型的推論有可能犯錯，被判定為陽性的人有可能實際上並未染疫，而判定為陰性的人實際上仍有可能染疫，因此還必須再進行精密的檢查。經過精密檢查後發現，陽性的8人中實際上有感染的是5人（3人誤診），因此我們把確診的5人放到圓圈的左半邊，誤診的3人放到右半邊。另一方面，陰性的14人中實際上有7人確診（7人誤診），因此我們把真陰性的7人放到圓外的左半邊，假陰性的7人放到右半邊。此時，這個推論的精確率為5÷8=0.625，召回率為5÷(7+5)≒0.417。

F1-score則是精確度和召回率的**調和平均數**（下方算式）。精確度和召回率有取捨關係。假如推論所有圖片都是陽性，那麼召回率就是100%，但精確度會變得很低。相反地，如果把所有沒自信答對的圖片全部推論為陰性，雖然模型的精確度會很高，但召回率就會降低。而在**精確度和召回率同樣重要**，或是**想在精確度和召回率之間保持平衡**的時候，F1-score就是一個很有效的指標。比如上述的例子的F1-score就是0.5。

$$\mathrm{F1} = \frac{2 \times 適合率 \times 再現率}{適合率 + 再現率}$$

■ 精確度與召回率

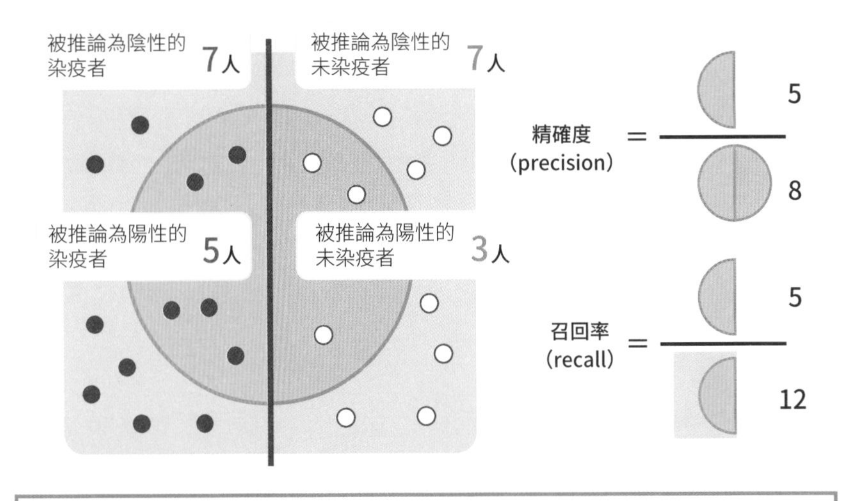

物體偵測的指標

物體偵測模型的輸出資料是欲推論之物體的類別和邊界框，以及該推論的正確機率。而這些輸出通常用「**Intersection over Union（IoU）**」和「**Average Precision（AP）**」指標來評估。

IoU是**模型推論的邊界框跟正確邊界框的重疊比例**。推論跟正解的重疊比例愈高，則IoU的數值愈大。

■ IoU的計算方法

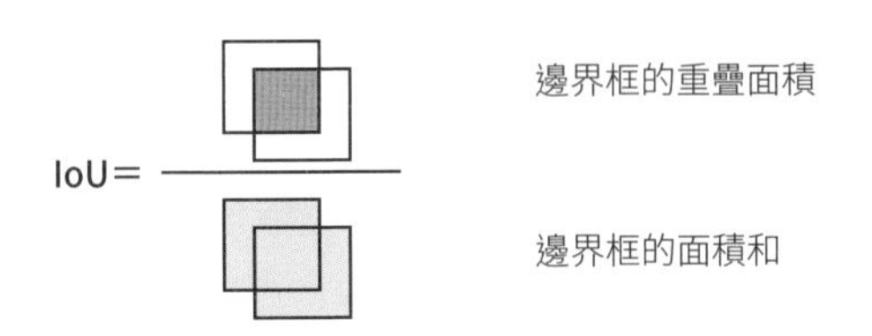

AP則是按照偵測的機率從高到低畫出「精確度－召回率曲線」（P.186右圖）時，該曲線跟座標軸圍出的面積。此時，**精確度**的定義是偵測結果中正確偵測到的比例，而**召回率**的定義是所有正解中有多少被判定為正解的比例。

假設有某張圖片中有5隻貓，而包含誤判在內，模型一共在圖片的10個區域偵測到貓。下圖的左側是模型的偵測結果，四方形代表模型偵測到貓的區域，而框框的上方數字則是偵測的正確機率。此時，我們先按照偵測的機率從高到低將偵測到的區塊標上#1～#10的編號。比如右上角的偵測區是機率第三高的，所以標上#3。接著，再從#1開始依序計算精確度和召回率。到第3號為止，模型的偵測結果有2是正確的，而圖中一共存在5隻貓，所以#3的精確度和召回率分別是2/3≒0.67和2/5＝0.40。就這樣一直算到#10的精確度和召回率後，再畫出「精確度－召回率曲線」（右側）。在下圖左邊的圖片中，模型一共在10個區域偵測到貓，故此模型的AP就是右側綠色框起來的區域面積。

■ **AP的計算**

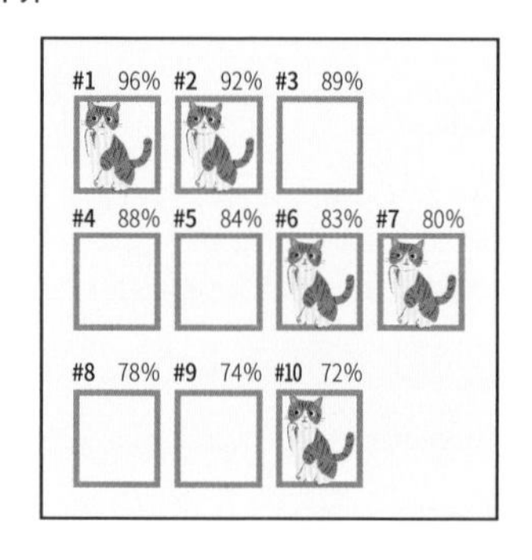

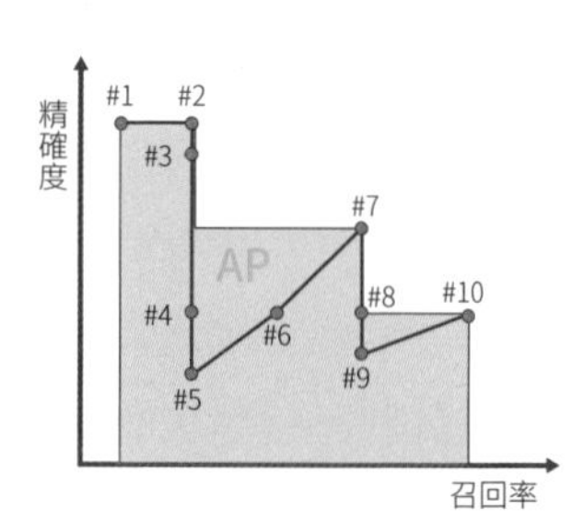

另外有時也會用一種叫「**mean Average Precision（mAP）**」的指標。mAP是各類別的AP平均值。比如狗和貓這兩個類別的mAP，就等於狗的AP和貓的AP的平均。

圖像分割的指標

圖像分割模型通常用**F1-score或「郝斯多夫距離」來評價**推論的結果。圖像分割的F1-score，是透過對每個像素評估它屬於**真陽性、偽陽性、偽陰性、真陰性**（參照P.189）來計算的。精確度等於藍色的像素數 ÷ （藍色像素數＋黃色像素數），召回率等於藍色像素數 ÷ （藍色像素數＋紅色像素數），而F1-score則跟之前一樣，是精確度和召回率的調和平均值。

■ 圖像分割的真陽性、偽陽性、真陰性、偽陰性

輸入圖像

推論結果

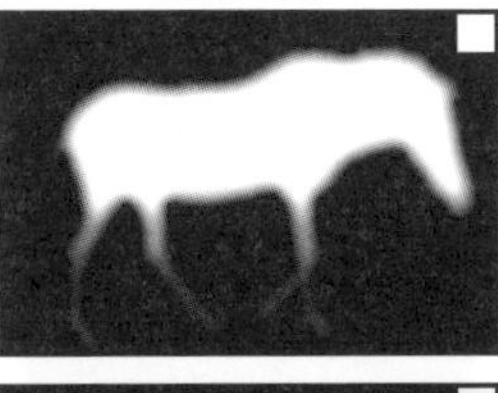

正解

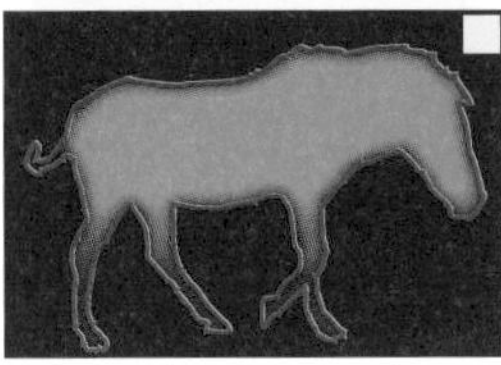

藍色：真陽性
黃色：偽陽性
紅色：偽陰性
黑色：真陰性

至於圖像分割的郝斯多夫距離，指的是「正解的輪廓」與「推論結果的輪廓」之間的距離。以「正解輪廓」的像素集合為*X*，「推論結果的輪廓」的像素集合為*Y*時，郝斯多夫距離就是集合X中各像素到集合Y的距離d_{XY}，以及集合Y中各像素到集合X的距離d_{YX}中較大的那個值。

■ 郝斯多夫距離

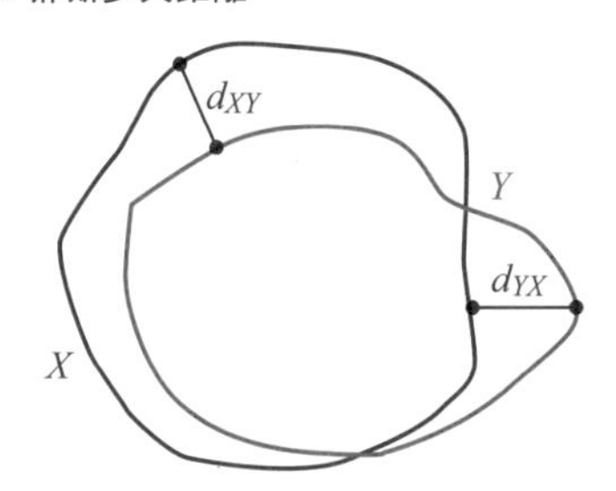

總結

- 圖像分類模型使用精確度、召回率、F1-score來評估。
- 圖像分割模型使用F1-score或郝斯多夫距離來評估。
- 物體偵測模型使用IoU或AP等指標來評估。

38 精度的評價指標與通用性能

模型在訓練好後必須評價預測精度，但對於不同的主題，所用的評價指標也不相同。本節將介紹幾種主要的指標，同時還會講解用於提高未知資料之預測精度的「泛化性能」。

模型的評價指標

對於監督式學習，雖然可以使用預測值和實測值來測量預測精度，但在設計指標時仍必須先**決定採用哪種良劣的判準**。比如，有的指標追求整體的精度，可以接受模型有少數極端離群值；但有的指標寧願犧牲整體精度，也要完全消除極端的離群值。這兩種指標對於良劣的判準就不相同。以下我們將介紹幾種代表性的指標，請依照你想應用的主題謹慎選擇。

●迴歸問題的評價指標

雖然同樣是根據預測值和實測值的差來計算，但這類指標仍可按對差值的理解方式分成幾個種類。另外，在以下的數學式中，y代表實測值，$\hat{y}$代表預測值。

・MSE（平均平方誤差）

$$\frac{1}{n}\sum_{i=1}^{n}(y_i-\hat{y}_i)^2$$

將預測值和實測值的差平方後平均的值。因為做了平方，所以這個指標對離群值比較敏感。

・RMSE（平均平方誤差的平方根）

$$\sqrt{\frac{1}{n}\sum_{i=1}^{n}(y_i-\hat{y}_i)^2}$$

MSE的平方根。因為單位跟原始值相同，所以更容易解釋。平均來說可以單純解釋為RMSE值的上下偏移。

・MAE（平均絕對誤差）

$$\frac{1}{n}\sum_{i=1}^{n}|y_i-\hat{y}_i|$$

誤差絕對值的平均。對離群值不敏感。與RMSE相同，比較容易解釋，平均來說可以單純解釋為MAE值的上下偏移。

・RMSPE（均方根百分比誤差）

$$\sqrt{\frac{1}{n}\sum_{i=1}^{n}\left(\frac{\hat{y}_i-y_i}{y_i}\right)^2}$$

用百分比表示誤差大小的值。平均來說可以單純解釋為RMSPE百分比的上下偏移。

●分類模型的評價指標

分類問題的精度指標可以用「**混淆矩陣**」計算。所謂的混淆矩陣，即是預測值和實測值的統計表，比如第37節的「圖像分類指標」中介紹的精確度和召回率（參照P.184）也可以用混淆矩陣計算。另外，**可將分類的任何一邊視為positive（陽性）**。

■ 混淆矩陣的例子

正解　錯誤

		預測	
		positive（陽性）	negative（陰性）
實測	positive（陽性）	true positive（真陽性）預測和實測都是陽性	false negative（偽陰性）預測是陰性，但實測是陽性
	negative（陰性）	false positive（偽陽性）預測是陽性，但實測是陰性	true negative（真陰性）預測和實測都是陰性

縱列的正確率是「精確度」

橫列的正確率是「召回率」

其中必須特別注意「**不平衡資料**」，即明顯嚴重會偏向欲分類之類別的其中一方的資料群。比如在檢測異常時，通常大部分的資料都會屬於「正常」那邊，但如果用整體的正解率來評價這種不平衡資料，評價的結果就可能被不自然地拉高。此時應該更重視召回率而非精確度。因此在評價時應該仔細思考模型的用途來選擇評價指標。

■ 在異常偵測例子中的不平衡資料正確率

		預測	
		異常	正常
實測	異常	0	5
	正常	0	995

藍色是預測正確
紅色是預測錯誤
在1000件預測中
正確的比例變成99.5%

連1件都沒有預測為「異常」

泛化性能與交叉驗證

監督式學習的目的是使用模型來精準地預測未知資料，而不是只能正確預測訓練資料。模型預測無法觀測的未知資料時的精度稱為「**泛化性能**」。而如何評估泛化性能，並藉以提高模型精度，是使用監督式學習時的一項重要主題。

下面將介紹評估泛化性能的方法及注意事項。

●模型太複雜時的過擬合

在介紹如何評估泛化性能前，必須先了解一個基礎知識，即模型的**過擬合**（參照P.172）現象。所謂的過擬合，指的是模型過度迎合訓練用的資料，導致面對未知資料時的預測精度降低的情況。一般而言，當**模型太複雜時就很容易發生過擬合**。

■ 模型的複雜度與過擬合

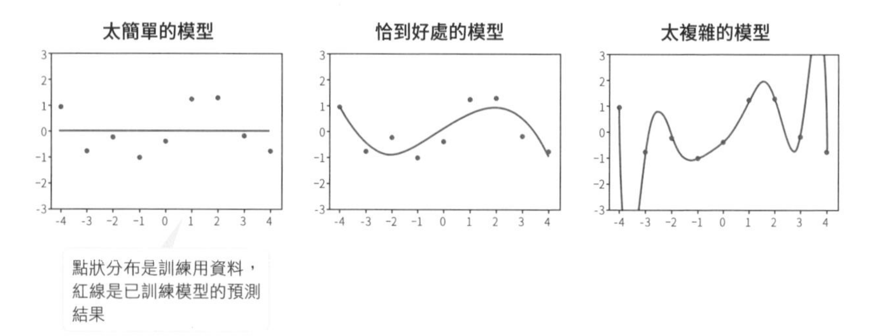

比較上圖可發現，左邊的模型「太過簡單」，所以不太能適應輸入的資料。相反地，右側的模型又「太過複雜」，雖然可以完全捕捉到模型的傾向，卻**過度迎合輸入的資料，泛化性能令人擔憂**。但只要一邊評估泛化性能，一邊調整模型的複雜度，就能得到中間「恰到好處」的模型。那麼在這種情況中，究竟該如何評估泛化性能呢？其中一種方法是「**交叉驗證法**」。

●分割訓練用和評估用的資料

使用訓練用的資料來評估預測精度，是無法測出模型面對未知資料時的精度的。因此，我們應該在訓練前事先分好訓練用的資料和評估用的資料，然後把評估用資料當成未知資料，**交互輸入訓練用資料和評估用資料來評量模型的表現**，這種方法就叫交叉驗證法。在交叉驗證法中，又以使用多種訓練用資料和評估用資料的組合進行實驗的「**K-fold法**」最常用。

■ K-fold法的概念

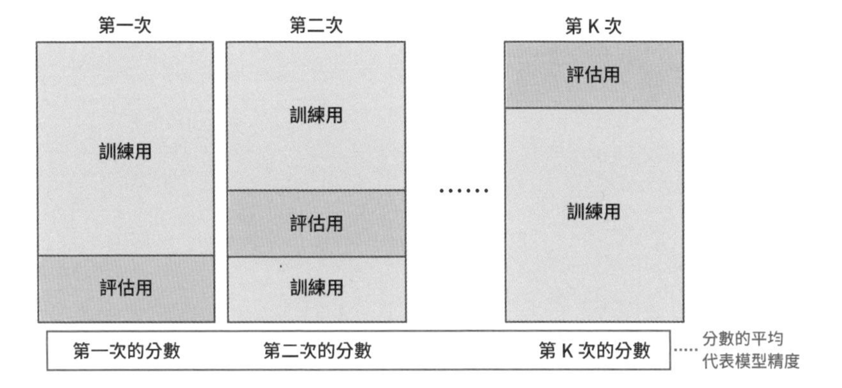

K-fold法的原理是將資料分割成K個（分析者任意設定的數目），然後一邊交互替換訓練用和評估用資料的組合，一邊反覆進行交叉驗證。

至於模型的最終評價，是由**測試過程中取得的多個分數平均算出**。此方法會重複進行好幾次訓練和評價的過程，因此存在評估成本較高的缺點，但也因為實驗次數較多，所以可以更精準地測出泛化性能。

總結

- 模型的評價指標應該依照模型的使用目的挑選。
- 對於不平衡資料，應避免只用整體的正確率來評價模型。
- 為避免過擬合，應使用交叉驗證法評估模型的泛化性能。

Transformer與圖像辨識

一如在第22節所述，Transformer也被應用在圖像分類和圖像分割領域。前者的例子有Vision Transformer（ViT），後者的例子有SegFormer。這裡我們介紹一下這兩者。

ViT的原理是將圖像分割成多個批次，然後按順序排列批次，用處理文章的方式來分類圖像。比如，假設我們要分類一個48 × 48的狗狗圖像。首先，ViT會將圖片分割成9個16 × 16的批次，然後將所有批次向量化。接著，再將各批次的位置化成位置編碼的向量，然後將這兩種向量輸入ViT的編碼器。編碼器會使用這兩個向量提取狗狗圖像的特徵。詳細原理省略不談，但提取出圖像的特徵會交給一種多層感知器（Multilayer Perceptron，簡稱MLP）進行簡單的處理，得到「這張圖最多有90%機率是狗」的輸出結果。最令人驚訝的是，ViT的圖像處理完全沒有用到卷積運算。

而SegFormer則證明了可以使用Transformer風的編碼器和簡單的解碼器對圖像進行分割。以上述的狗狗圖像為例，SegFormer會將原始圖片分割成144個4 × 4的批次，再將之轉成向量，輸入Transformer風的編碼器來提取圖像特徵。其中編碼器的注意力機制會用到卷積運算。另一方面，解碼器的結構很簡單，只由可提升分割解析度的上採樣和MLP組成。另外，SegFormer沒有使用位置編碼。

■ViT的架構

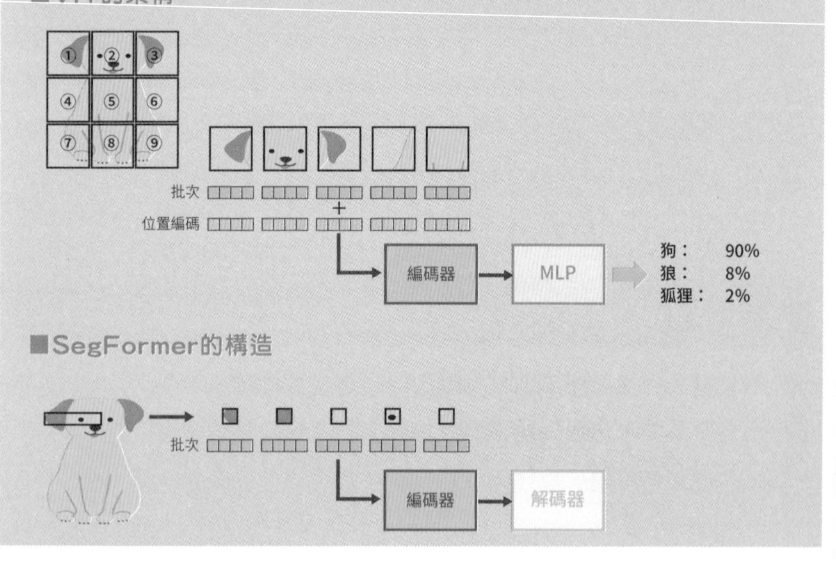

第6章

列表資料的機器學習演算法

開發AI不能沒有機器學習，而機器學習又必須使用數值進行計算。因此，我們必須先將各種不同資料轉換成數值，整理成表格等的列表資料，才能開始做機器學習。本章將介紹列表資料的預處理，並分別介紹「監督式學習」和「非監督式學習」的機器學習常用的代表性演算法與模型。

39 列表資料的預處理

機器學習全都使用數值進行計算。因此，當字串中存在數字以外的資料，或是資料有缺損的話就無法計算。本節將介紹機器學習一般常用的數值化方法。

類型資料的預處理

比如如果要寫一個預測不動產價格的演算法，有時輸入的資料中可能會包含東南西北這種表示方位的值。**這類沒有大小關係，純粹表示類型的值，都必須轉換成純數值**。而在轉換成數值時，我們常使用「**虛擬變數**」和「**標籤編碼**」方法。

●虛擬變數化

將類型資料轉換成0或1之數值的方法。以東南西北為例，做法是創建「東」、「南」、「西」、「北」四個列，若存在該列對應的值就填入1，沒有的話就填入0。

●標籤編碼

用任意整數值來代表一個類型的方法。同樣以方位為例，比如房子在東邊就填入0，在西邊就填1，在南邊填2，在北邊填3。

■虛擬變數化和標籤編碼

虛擬變數化

方位
東
西
北
東
⋮
南

▶

東	西	南	北
1	0	0	0
0	1	0	0
0	0	0	1
1	0	0	0
⋮	⋮	⋮	⋮
0	0	1	0

標籤編碼

方位
東
西
北
東
⋮
南

▶

方位
0
1
3
0
⋮
2

缺損值的預處理

列表資料有時會出現資料缺損，比如問卷調查中沒有填答的問題等等。這種情況的處理方法主要有兩種，一是直接捨棄有缺損的資料，二是用其他數值填補缺損的地方。本節介紹兩種插補方法。

單一插補法

用平均數、中數、眾數等值進行插補的方法。比如若年齡的欄位有缺漏，就可以用無缺損部分的平均年齡來插補。也有人想出用無缺損的資料來預測缺損值的方法。

多重插補法

用多種單一插補法插補缺損值後，再**將插補後的資料依照類型餵給演算法學習，然後進行整合**的方法。最簡單的多重插補法就是用隨機數進行多種不同類型的單一插補，然後再加以整合。

■ 多重插補法

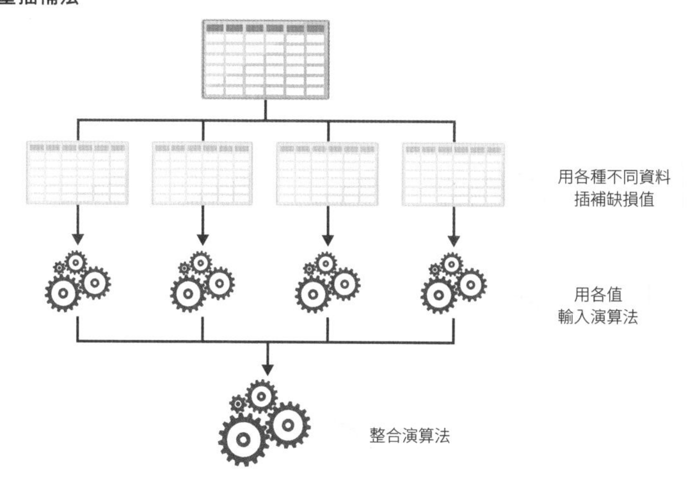

總結

- 數值化方法有虛擬變數化或標籤編碼等。
- 列表資料的缺漏部分可以插補。

40 監督式學習1：線性迴歸模型

「線性迴歸」模型是統計學自古以來就在使用的最基本手法，且至今仍被用來解決各式各樣的問題。此外，線性迴歸也數許多其他理論的基礎，因此我們將從此方法開始講解。

用一次函數表現資料的線性迴歸模型

假設我們要用不動產的售價來推測一間房子的面積。收集資料，再用散布圖將資料視覺化後，得到下圖的結果。

由圖可看出，房子的面積愈大，原則上價格就愈貴。若用一條直線來表現這份資料的關係，則可用$y=\alpha+\beta x$這個一次函數來表示。這就是「**線性迴歸模型**」。而上面的例子則可用下式來表示。

價格＝截距＋斜率 × 房屋面積

只要找出吻合資料的「**截距**」和「**斜率**」，就能用房屋的面積推算出價格。而這個斜率就叫「**迴歸係數**（或偏迴歸係數）」。

■資料與散布圖

價格（萬元）	面積（m^2）
3,000	30.0
5,500	51.2
⋮	⋮
2,500	28.2

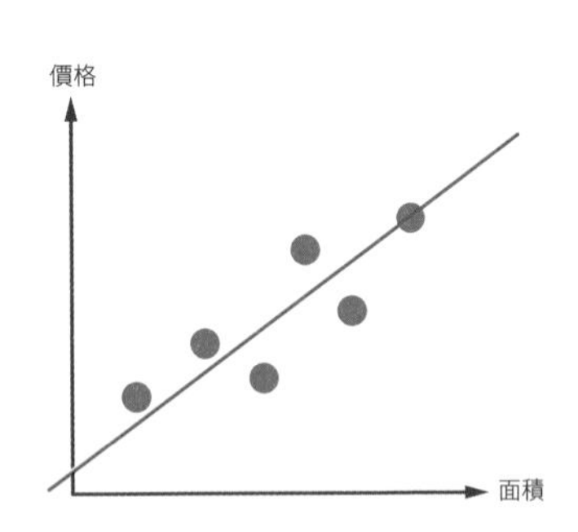

多變量的線性迴歸模型

在推算不動產價格時，除了房屋面積外，還可能牽涉到屋齡、到車站的距離等其他因素。當**特徵的**種類增加時，前面的式子就會變成下面這樣。

$$y = \alpha + \beta_1 x_1 + \beta_2 x_2 + \cdots + \beta_n x_n$$

套用不動產的例子，則可表現成下面這樣。

價格＝截距＋斜率1 × 房屋綿基＋斜率2 × 屋齡……

當特徵增加時，散布圖的維度也會改變。一個特徵的時候是二維空間，兩個的話資料就會變成散布在三維空間中。

■ 特徵數與資料的維度

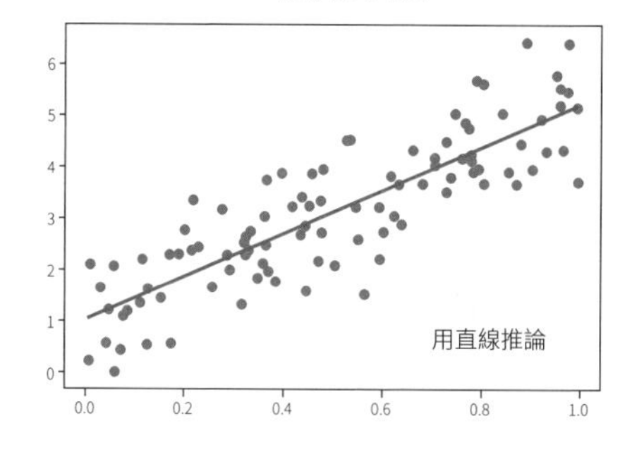

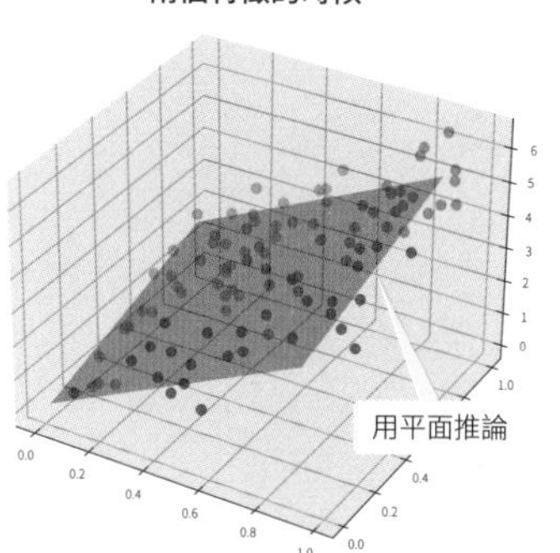

線性迴歸模型的好處與用途

線性迴歸模型的優點是**模型本身很容易解釋**。

讓我們來解讀一下上面式子中的截距與迴歸係數吧。

價格＝截距＋迴歸係數 × 房屋面積（m^2）

首先房屋面積的迴歸係數代表了每 1 m^2的單價。而截距可以解釋成房屋面積以外的價值。如此一來，透過解讀截距和迴歸係數就可以看出資料的傾向。

線性迴歸模型可以用於想要**分析要因**的場合。比如，假設我們想要知道房子「是否應該先重新裝修後再賣」。此時就可以用「是否經過重新裝修」當特徵，解讀與該特徵有關的迴歸係數，推測裝修對房屋售價的提升效果。由此可知，我可以透過解讀迴歸係數來進行要因分析。

線性迴歸模型的注意點

●線性

線性迴歸模型是用來**推測資料的線性傾向的演算法**，因此無法表現複雜的關係。比如，如果想根據氣溫來預測電費，雖然我們知道人們會在天氣太熱或太冷時使用空調，導致電費增加，但線性迴歸模型就無法很好地捕捉到這個傾向。

■ 用線性迴歸模型預測電費

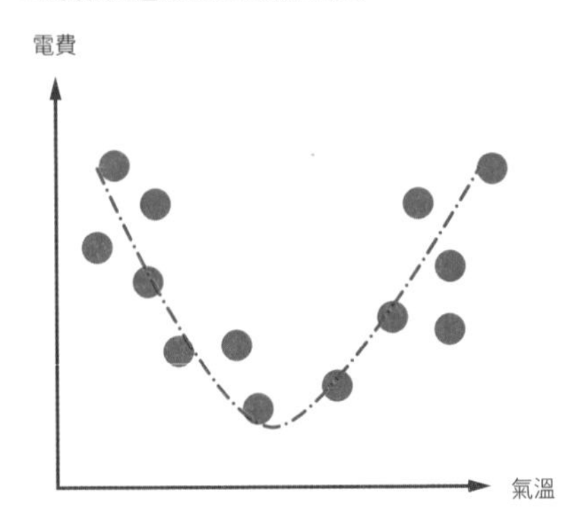

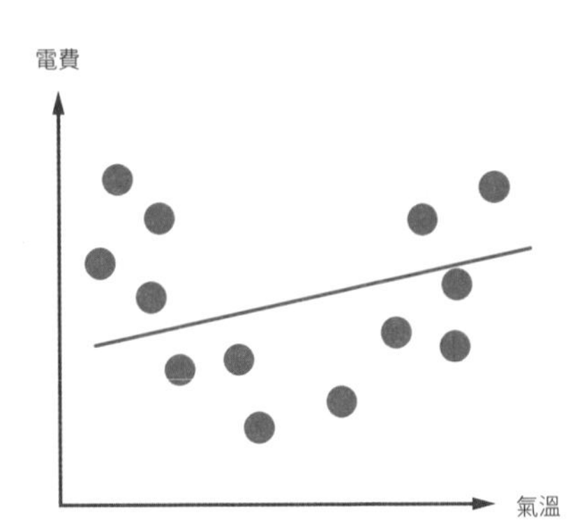

●離群值

線性迴歸模型**很容易受到離群值影響**。下圖便是一個因為離群值影響而無法正確捕捉到資料傾向的例子。雖然最簡單的解決方法就是去掉離群值，但操作時還是需要考慮離群值產生的原因再決定如何處理。

■ 離群值影響線性迴歸模型的例子

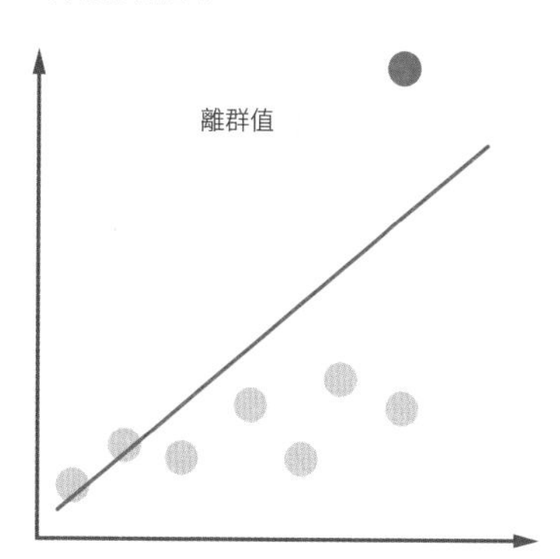

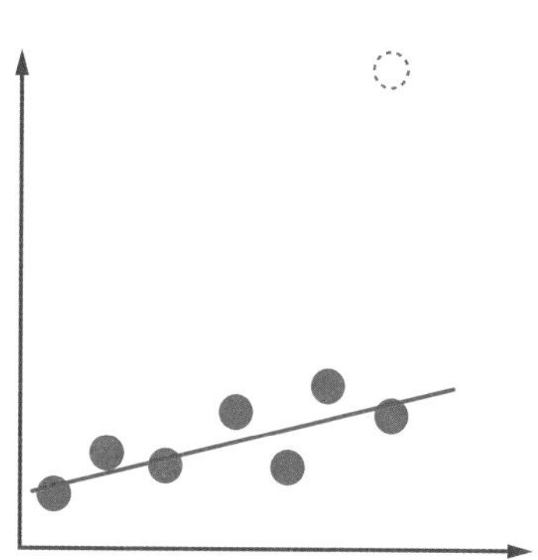

●多重共線性

這是在使用了複雜特徵時可能遇到的現象。具體來説，多重共線性指的是**當特徵之間具有相關性時，無法正確推測出迴歸直線**的現象。

如果對照分析結果和現實後發現有點怪怪的，那就有可能是多重共線性。此時請檢查變數之間是否存在強相關（相關係數的絕對值很大），然後拿掉其中一邊不要使用。

總結

- 線性迴歸模型可用簡單函數表現，且模型本身很容易解釋。
- 當目的變數與特徵存在複雜關係時不適合使用線性迴歸。
- 線性迴歸可透過解讀迴歸係數來進行要因分析。

41 監督式學習2：決策樹

「決策樹」是跟線性迴歸模型同樣重要的基礎演算法。此方法很適合用來捕捉資料的傾向，現在也常常使用。除此之外，決策樹也被當成許多高精度演算法的基礎，是非常重要的理論。

從資料中找出「如果～則」的關係

假設我們要分析使用者在付費影音網站停止續約的原因。經過討論後，團隊分成兩派意見，一派認為「觀看的影片種類較多的使用者更可能續訂」，另一派主張「雖然觀看種類較少，但常觀看連續劇這種長篇系列的觀眾更不容易解約」。因此，下面我們要用資料驗證哪一派才是正確的。

分析使用的資料，是平台上各個使用者的觀看**影片種類數量**和**影片的平均系列數**。首先我們把這份資料盡可能分成「續約」和「解約」兩類，然後試著**用一條垂直線或水平線將資料空間分割開**。接著再繼續對分割後的空間畫垂直線或水平線進行分割，不斷重複下去，這就是「**決策樹**」的概念。

■ 影片的種類數與平均系列數跟續約的關係性

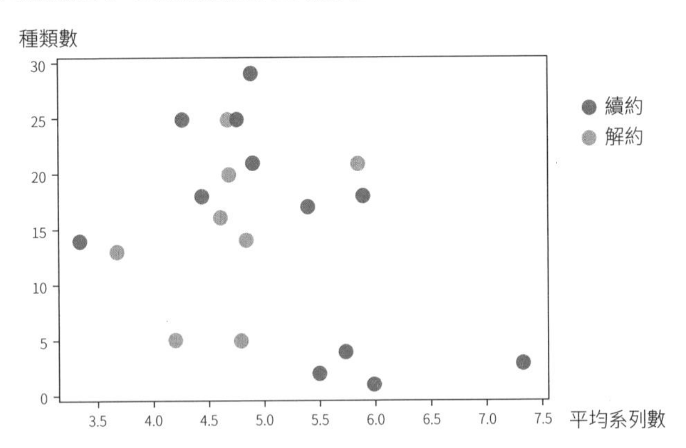

■ 用決策數進行空間分割

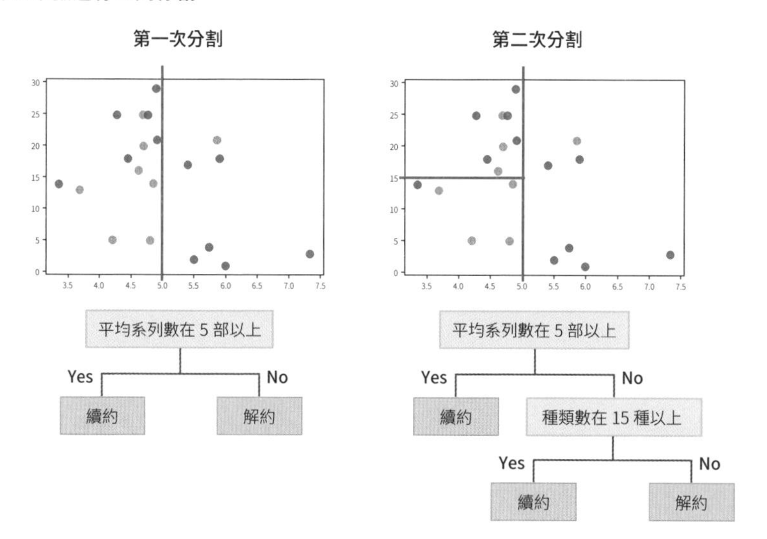

接著我們來看看這次的分割是「基於何種規則進行」的。散布圖的分割化成樹狀圖後就如同上圖下方的圖。

第一次的分割規則是「收看的平均系列數是否在5部以上」，如果答案是No的話，就繼續往「影片的種類數是否在15種以上」這條路走。這種條件分歧可以用樹狀圖表示，因此被稱為決策樹。

然後就能推論出本次案例的結論。因為**第一個分割的是「平均系列數」**，因此是平均系列數更重要。

在本回的例子中，因為我們只用「平均系列數」和「影片種類數」來分析使用者是續約還是解約，所以就算不用決策樹，直接看散布圖也能大致看出傾向。

然而，現實中要考慮的因素其實還要多得多。比如使用者的年齡、性別、居住地區等屬性資訊，以及過去在網站上瀏覽資訊等等。在分析多種因素之間的關係時，通常很難用散布圖輕易視覺化。而決策樹的輸出是分割規則，**即使需要分析很多因素，也能用人類易於理解的方式解釋**。

如同後述，決策樹雖然不是預測精度很高的演算法，但若運用得宜，也能對業務有很大幫助。

分割空間用的指標

前面介紹了決策樹的基本演算法，接著再來介紹決策樹分枝時的**基準指標**。

●分類問題的指標

用於分割的指標有很多種，原則上選哪個都可以，但每種指標的性質都有些許不同。在製作機器學習演算法時常用的程式庫中，預設的選項大多使用「**基尼不純度**」。此方法是透過下面的計算來尋找基尼不純度最低的分割點。另外，雖然有時也會用「熵」或「誤分類率」來代替基尼不純度，但概念都是一樣的。

■ 基尼不純度的計算方法

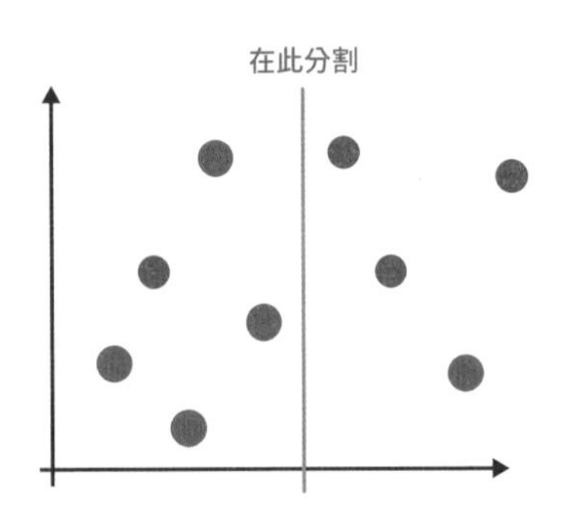

左邊空間的基尼不純度

$=1-\{(1/5)^2+(4/5)^2\}$

右邊空間的基尼不純度

$=1-\{(3/4)^2+(1/4)^2\}$

※分母的5和4代表各空間的資料件數

全體的基尼不純度

＝左邊空間的基尼不純度×5/9

＋右邊空間的基尼不純度 ×4/9

※用各空間的資料件數加權後相加

●迴歸問題的指標

雖然前面我們用的例子是「續約」和「解約」的分類問題，但像「營收」這種**連續值的迴歸問題**也同樣可以使用決策樹。在迴歸問題中，我們會用**空間中的「變異數」**當指標。「變異數」小就代表「數值很接近」。因此，在分割空時會盡可能降低各空間的變異數。

另外，有時會把迴歸問題中的決策樹稱為「迴歸樹」，把分類問題中的決策樹稱為「分類樹」。

決策樹的用途與注意點

決策樹是一種在**捕捉資料傾向，對背後原因建立假說**時常用的演算法。因為閾值也很清晰，所以更容易設定「推動將平均系列數提高到5部以上的行銷策略」這種目標。

●必須用合適的深度進行驗證

用決策樹進行高精度的預測時，樹的深度愈深，通常看起來就愈能擬合手邊的資料，讓精度愈高。然而，如果太深的話就會發生過擬合現象，在未來輸入新資料時無法維持原本的預測精度（參照P.190）。然而，如果不對演算法設下限制，模型就會自己不斷加深直到極限，所以必須由人類施加限制。這種由人類事先設定的條件稱為「**超參數**」，通常是用交叉驗證的方式來找出哪種條件可維持較高的精度。而在決策樹中，這個條件就是「樹的最大深度」。

■ 決策樹的深度與對資料的適合程度

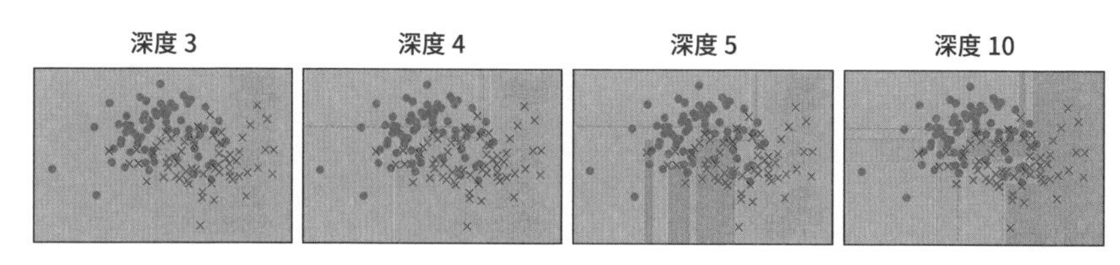

●決策樹的預測精度

雖然我們可以透過交叉驗證在某種程度上調整決策樹的深度，但由於**決策樹的演算法原本就很單純，故不適合捕捉複雜的傾向**。對於複雜傾向的資料，如果需要較高預測精度的話，直接改用其他演算法或許會更務實。

總結

- **決策樹是用條件分歧的方式來分析資料。**
- **決策樹可以捕捉資料的傾向，幫助建立背後原因的假說。**
- **決策樹的預測精度並不算高。**

42 監督式學習3：隨機森林

「隨機森林」是從決策樹（參照P.200）發展而來的演算法。隨機森林由多個決策樹組成，透過組合不同的決策樹來進行預測，並藉由多個決策樹的多數決機制來提升預測精度。

彌補決策樹弱點的隨機森林

決策樹本身的精度並不算高。比如遇到下圖這種資料時，雖然加深樹的深度可以更好地擬合現有資料，但卻會**損失泛化性能（參照P.190）**。另一方面，深度太淺的話又無法捕捉複雜傾向，精度依然不佳。就算用交叉驗證法找到最恰到好處的深度，也難以很好地捕捉到資料傾向。

那麼，如果我們「把不同分割規則的決策樹組合起來」的話，又會怎麼樣呢？既然個別決策樹的精度還算差強人意，那麼把它們疊加起來的話，感覺就能很好地捕捉到資料傾向。而「**隨機森林**」就是一個透過生成大量「不同分割規則」和「精度差強人意的決策樹」，用**多數決來提高精度**的演算法。這種生成多個模型再加以整合的演算法稱為「**集成學習（Ensemble learning）**」。

■ 決策樹的精度低落問題

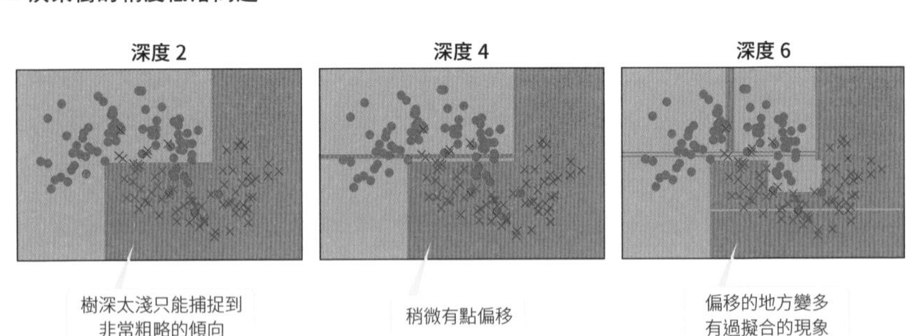

■ 隨機森林

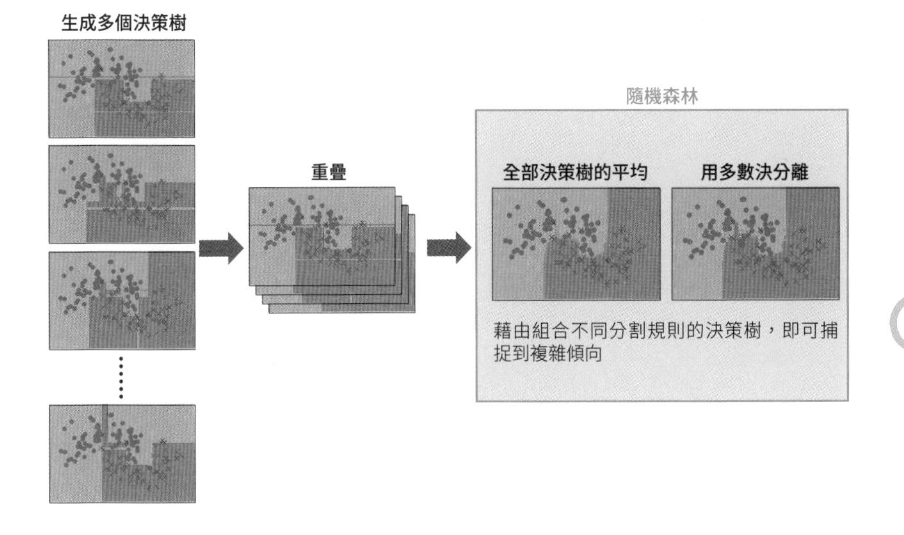

如何生成不同分割規則的決策樹

那麼，該怎樣才能生成大量「不同分割規則」又「精度尚可的決策樹」呢？關於「精度尚可」這部分，只要需要讓決策樹的深度淺一點就行了。但「分割規則不同」的決策樹該如何生成呢？

由於決策樹是一個會根據事先選好的指標**自動決定分割規則的演算法**，所以除了樹深以外無法改變任何分割規則。要生成具有多樣性的決策樹，就必須**讓每個決策樹都使用不同的資料**。

●自助抽樣法

在隨機森林中，要實現每棵樹都使用不同資料，我們可以不要一次使用所有資料，而是隨機抽出一部分資料來建立一顆決策樹。除此之外，在抽樣資料時還要**允許重複抽取**。這種抽樣方法就叫「**自助抽樣法（bootstrap sampling）**」。

●特徵的抽樣

隨機森林除了自助抽樣外，還會進行**特徵的抽樣**。換言之，我們不使用所有的特徵，而是按隨機決定的比例選擇特徵來建構分割規則。透過這種方法，就能讓每棵樹使用不同的特徵，進一步提高多樣性。

■ 隨機森林的採樣

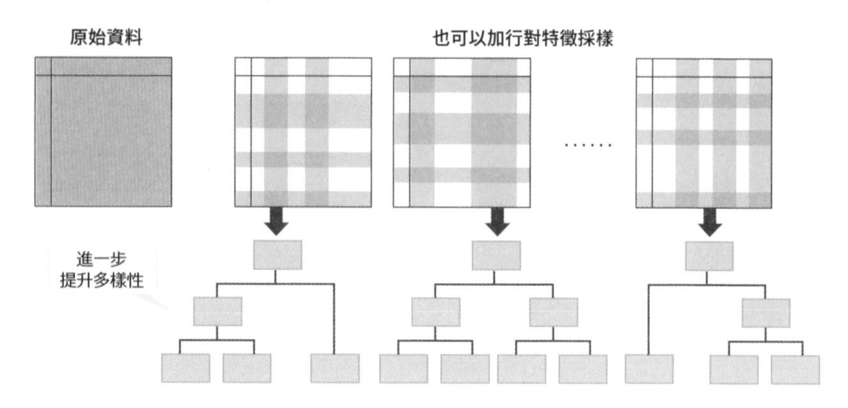

隨機森林的用途與注意點

●預測精度高

隨機森林是一種更容易捕捉較複雜傾向的演算法，可用於各種需要高預測精度的任務。

●透過平行計算實現高速化

由於隨機森林中每棵樹的學習和預測都是獨立進行，即便使用的資料量很大，也能用平行計算的方式提高計算速度。

●特徵的重要度

若想提高預測精度，我們可以從已訓練的隨機森林找出「**哪個特徵有多少貢獻**」，將之當成**特徵的重要度**來利用。利用這個重要度，就能減少無用的特徵，維持相同的精度來降低計算成本。另外，特徵重要度的英文稱為「**feature importance**」。

重要度的計算方法隨軟體套件和程式庫而異，但主要的指標都是下列三種。

■ 計算重要度的主要指標

gini importance	表示該特徵減少了多少目標函數（測量整齊度的指標）。除隨機森林外，亦可用於所有使用決策樹的演算法。又簡稱Gain。
split importance	表示該特徵成為分割對象的次數。除隨機森林外，亦可用於所有使用決策樹的演算法。
permutation importance	當該特徵不存在時，精度下降了多少。做法是隨機抽換該特徵的內容，然後測量用已訓練的演算法進行預測時精度會降低多少。適用於所有監督式學習的演算法。

●隨機森林的注意點

隨機森林必須微調**超參數**（參照P.203）。尤其以下的參數影響很大，所以請務必用交叉驗證的方式進行微調。

■ 主要的超參數

最大樹深	限制生成之決策樹最深不能超過多深的參數。
樹的數量	決定生成之決策樹數量的參數。太多的話預測結果會接近全體的平均，故必須尋找最合適的數量。
採樣的特徵比例	每棵樹使用的特徵比例愈高，單顆樹的精度也愈高，但預測的結果就愈相似。太相似的話整體精度會下降，所以必須尋找最恰到好處的比例。

總結

- **隨機森林是用多個決策樹進行多數決的方法。**
- **隨機森林的精度相對更高，可用於各種不同任務。**
- **隨機森林可利用平行計算加快運算速度，並測量特徵的重要度。**

43 監督式學習4：XGBoost

「XGBoost」是監督式學習的一種，跟隨機森林（參照P.204）一樣是組合多個決策樹來預測的演算法。它的預測精度很高，亦常被用於競爭模型精度的競賽。

將前一次學習結果用於下一次學習的Boosting

「XGBoost」也跟隨機森林一樣，是藉由**製作並組合多個決策樹**來提高精度的演算法。只不過兩者的途徑不同。

XGBoost會先用第一顆決策樹學習訓練資料並進行預測，然後再讓下一顆決策樹學著去**預測上一顆產生的預測值與正解的差**。然後將這兩棵樹的預測結果相加，來提升第一顆決策樹的精度。將這個過程一直重複下去，然後把所有預測值加總，作為模型整體的預測值。這種將前一次學習的結果用於下一次學習，生成多個模型再加以整合的演算法俗稱「**Boosting**」。這也是集成學習的一種。

■ Boosting演算法概觀

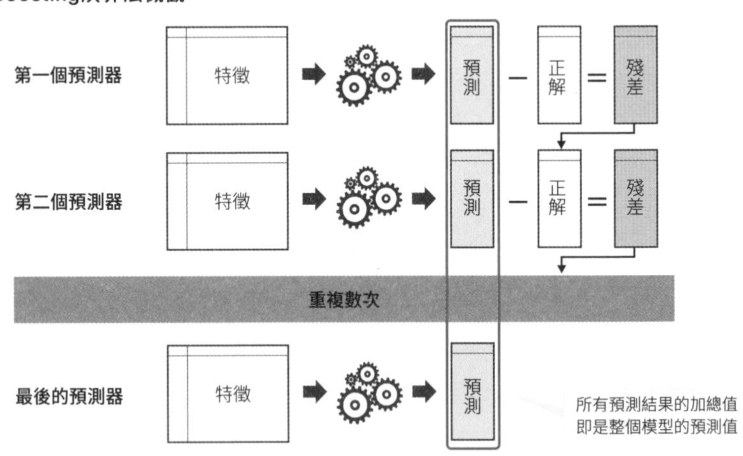

防止過擬合的正則化項的功能

機器學習在學習時基本上使用一種叫「**目標函數**」的指標當作學習指引。比如決策樹中的「基尼不純度」等「整齊度指標」就屬於目標函數，演算法會以盡可能最小化這個指標來進行空間分割。

而XGBoost則是以最小化「原本的目標函數＋懲罰項」作為學習指引。這類懲罰項一般又稱為「**正則化項**」。而XGBoost使用了兩個正則化項。

●決策樹大小的正則化項

第一個是決策樹大小的正則化項。演算法會將這個正則化項跟原本的目標函數相加，尋找最小的數值，因此可以得到最恰到好處的大小。

■ 決策樹大小的正則化項的功能

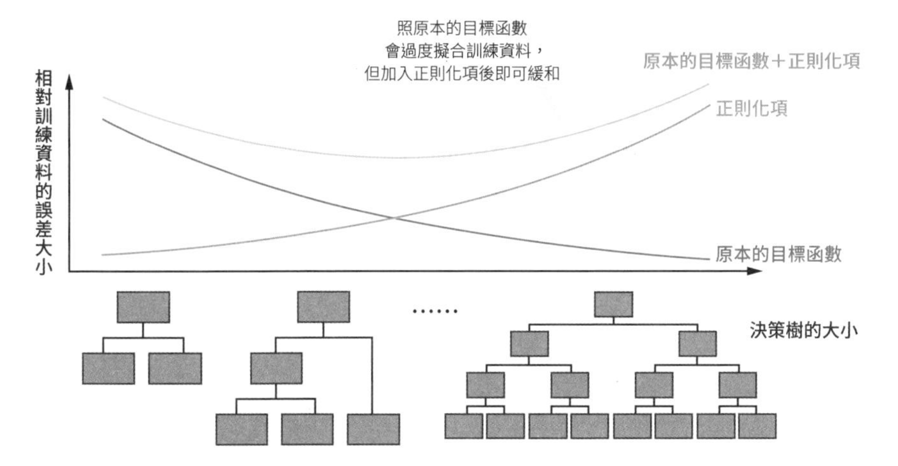

●各決策樹預測值的正則化項

第二個則是每棵決策樹之預測值的正則化項，即預測值的平方。這個正則化項具有縮小預測值絕對值的功能，可使各個決策樹慢慢擬合資料。

■ 對於預測值的正則化項功能

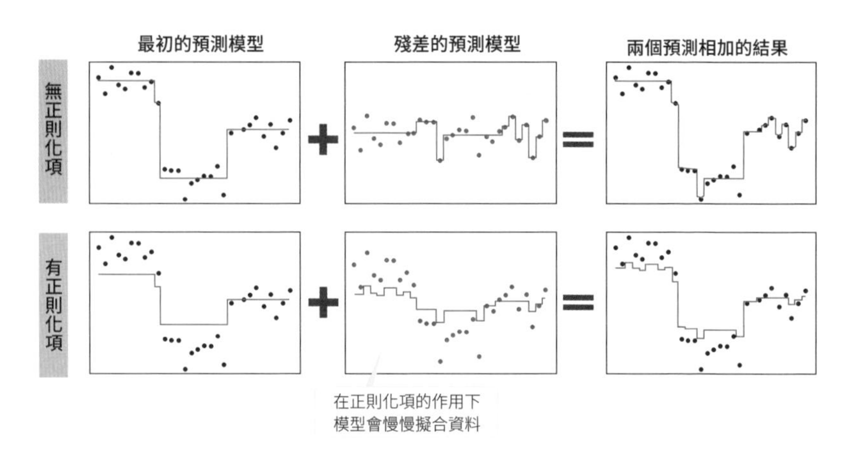

XGBoost的用途與注意點

●高預測精度

因為XGBoost**有機會實現很高的預測精度**，因此是列表資料的監督式學習中最多人用的演算法。可以說要重視精度的話，一開始就選擇XGBoost即可。

●特徵的重要度

XGBoost跟隨機森林一樣，可以**計算特徵的重要度**。可使用的指標也跟隨機森林一樣有三種（參照P.207）。

●超參數的微調

XGBoost的預測精度大致上會受到P.211的表中的超參數影響，因此請用交叉驗證法等進行微調。

●學習成本

不同隨機森林，XGBoost**無法利用平行計算加快運算速度**。因此相較於其他演算法，它在學習時需要花費更多時間和運算資源。儘管可以透過超參數多少降低計算成本，但XGBoost的基本性質就是如此，因此不太適合需要頻繁重新訓練或處理巨量資料的情況。

■ XGBoos的主要超參數

決策樹數量	決定集成學習（參照P.204）要用的決策樹數量的參數。也可寫成「num of boosting rounds」。
特徵數量	跟隨機森林一樣，XGBoost也會進行特徵的抽樣，可以指定抽樣的間隔大小。
決策樹大小的正則化項	此值愈大，則每棵樹的大小愈小。用 γ 表示。
預測值的正則化項	此值愈大，則每棵樹的殘差更新愈小。可寫成 λ 或學習率（learning rate）。
early stopping	不學習到預先設定的決策樹數量，在判斷精度無法繼續提升時自動停止學習。此參數可以指定最低的決策樹數量。

XGBoost在2014年登場，並因在監督式學習的競賽（Kaggle等）中表現出很高的精度而一炮而紅。其改良版「LightGBM」和「CatBoost」直到現在也有很多人使用。

包含XGBoost在內的這類演算法統稱「梯度提升決策樹（Gradient Boosting Decision Tree，簡稱GBDT）」。尤其LightGBM的**計算速度相比XGBoost有明顯提升**，而且能使用一個叫「Optuna」程式庫輕鬆微調超參數，因而被很多人使用，在日本更出現了「**要用就用LightGBM**」的說法。Optuna是Preferred Networks公司開發的超參數最佳化框架，常被用於監督式學習。請大家也試試看在自己的預測項目中使用LightGBM看看。

- **XGBoost的精度很高，要做監督式學習的話應該優先考慮。**
- **超參數一定要微調。**
- **XGBoost無法平行運算，需要較多的時間和計算資源。**

監督式學習5：邏輯迴歸模型

「邏輯迴歸模型」是專為處理分類問題改良過的線性迴歸（參照P.196）模型。跟線性迴歸模型一樣，邏輯迴歸模型較容易從學習結果捕捉到資料傾向，因此主要被用於要因分析等用途。

為了讓線性迴歸模型能處理分類問題而改良

「邏輯迴歸模型」是**為了讓線性迴歸模型能處理分類問題而改良的演算法**。比如，邏輯迴歸模型可以用每日的攝取熱量和一個月的運動時間為特徵，預測一個人得到生活習慣病之機率。使用的資料如下表。目標變數的部分，罹患時的值是1，未罹患時的值是0。

資料的散布圖即P.213的上圖。縱軸是目標變數，值為0或1。特徵是**攝取的熱量和運動時間**，但本圖的橫軸只有使用熱量的部分。

■ 預測生活習慣病邏輯迴歸模型

資料

攝取熱量	運動時間（h）	罹患
2,735	16	0
3,216	12	1
⋮	⋮	⋮
2,244	20	0

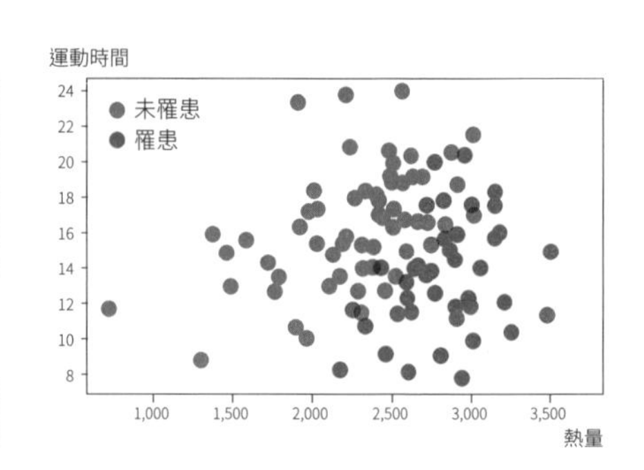

■ 生預測生活習慣病的散布圖

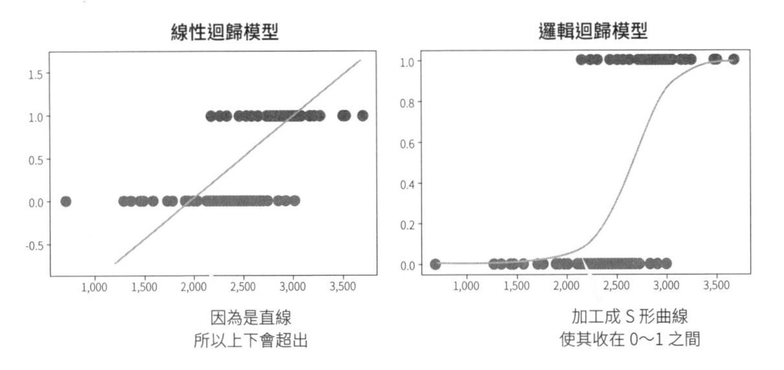

這裡如果使用線性迴歸模型的話，預測值通常是取大於1或小於0的值。然而在此例中，因為我們想輸出的預測值是「機率」，所以一定得在0～1的範圍內。因此，我們要**使用S型函數（參照P.162）加工線性迴歸模型**，使模型的表現從直線變成S形曲線，讓輸出值收在0～1之間。而這種經過S型函數加工的線性迴歸模型就叫邏輯迴歸模型。

本回我們還想用一個月的運動量當特徵，所以順便來看看**有2變數時的模型長得什麼樣**吧。由下圖可以看出這個模型長得像一個溜滑梯的形狀。雖然變數達到3個以上後就無法視覺化了，但基本的概念還是一樣。

■ 2個變數的邏輯迴歸模型

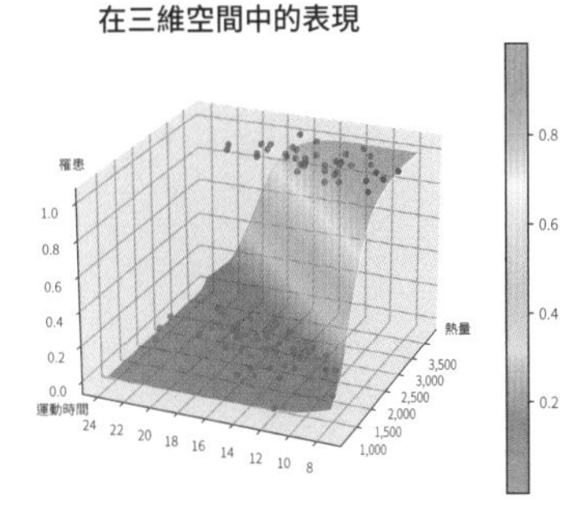

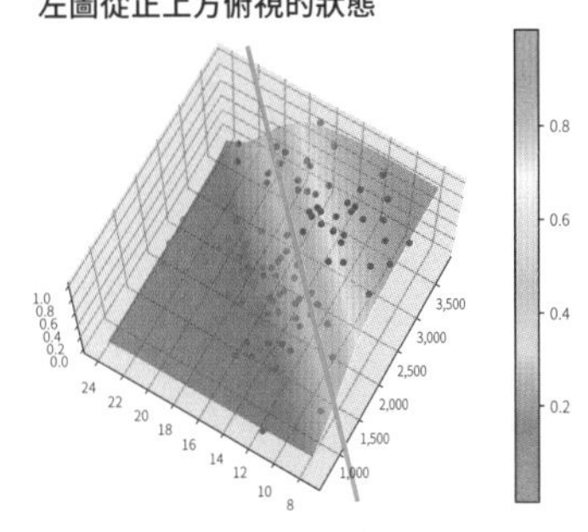

以 0.5 為閾值時
的分離平面

邏輯迴歸模型的用途

邏輯迴歸模型跟線性迴歸模型一樣，屬於**比較容易解釋的模型**。以前面的例子來說，假如每日攝取熱量的迴歸係數（參照P.196）是正值，就代表攝取的熱量愈多則罹患生活習慣病的機率愈高。相反地，若每月運動時間的迴歸係數是負值，則代表運動時間愈長，罹患生活習慣病的機率愈低。

■ **邏輯迴歸模型對生活習慣的解釋**

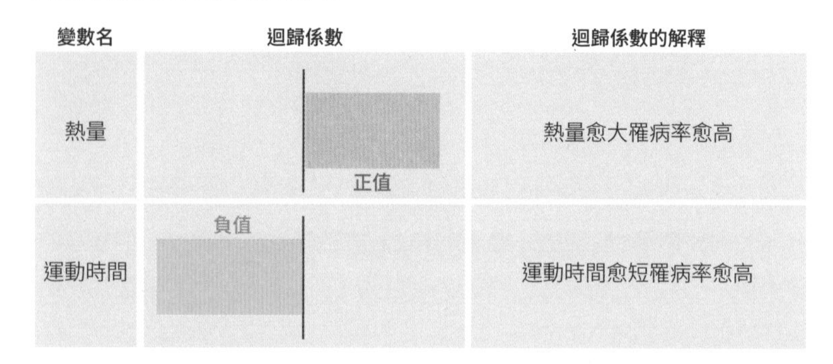

由此可見，邏輯迴歸模型跟線性迴歸模型相同，可以透過解讀迴歸係數來解釋資料的傾向，只不過邏輯迴歸模型的**解讀方式又跟線性迴歸稍有不同**。

在線性迴歸模型中，x增加1時，y也會增加相應的迴歸係數。另一方面，在邏輯迴歸模型中，x增加1也**不一定代表機率會跟著迴歸係數增加**。

在解釋迴歸係數時，常使用一種叫「**勝算比（odds ratio）**」的指標。這個值適用exp（迴歸係數）算出的。比如，假設前面例子中的勝算比如下。

・熱量的勝算比：1.2

・運動時間的勝算比：0.8

此時，就可以解釋成「熱量每增加1單位，罹病率就乘以1.2倍」和「運動時間每增加1單位，罹病率就乘以0.8倍（罹病率降低）」。換言之，在解讀迴歸係數時請使用勝算比。

邏輯迴歸模型的注意點

邏輯迴歸模型雖然在預測和資料解釋上都很好用，但遇到某些資料種類時會無法順利抓住資料的傾向。邏輯迴歸模型的原理是嘗試用一條直線去分離資料。因此，遇到例如**需要使用兩條直線**，或是**必須用曲線才能分離的資料**，就沒辦法順利地捕捉到傾向。

在處理具有此類傾向的資料時，請先將資料加工成可被一條直線分離的狀態，或是直接選擇其他的演算法。

■ 邏輯迴歸模型無法捕捉兩條直線或甜甜圈形的資料分布

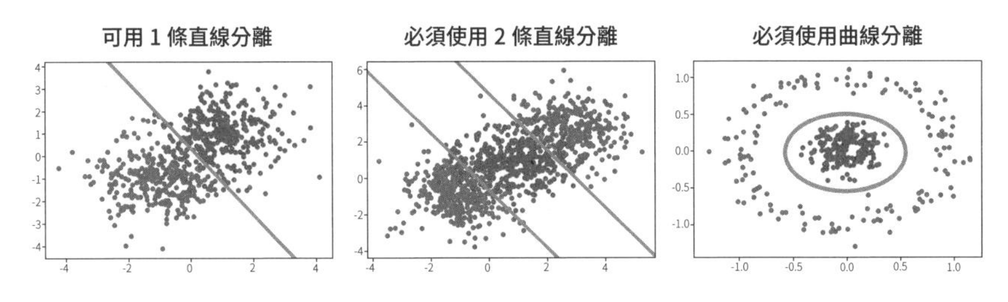

總結

- 邏輯迴歸模型就是S型化的線性迴歸模型。
- 雖然學習結果易於解釋，但解釋方法跟線性模型不同。
- 只能解釋一條線形的關係，無法處理兩條直線或曲線。

45 監督式學習6：神經網路

神經網路是模仿人類腦神經迴路開發的演算法。事實上深度學習也是由神經網路發展而來，可以當成列表資料的預測模型使用。

堆疊多個模型的演算法

神經網路是一種**不論迴歸問題還是分類問題都能處理的監督式學習模型**。其原理是透過堆疊多個簡單模型來捕捉複雜的資料傾向。

首先，我們先用邏輯迴歸模型（參照P.212）這種簡單的演算法進行學習下圖的資料。接著，我們發現下圖的資料光靠一條直線無法分離，故無法順利捕捉到資料的傾向。然而，如果我們能把兩條直線疊合起來的話，理論上就能提高分類的精度。

■ 邏輯迴歸模型無法捕捉的資料

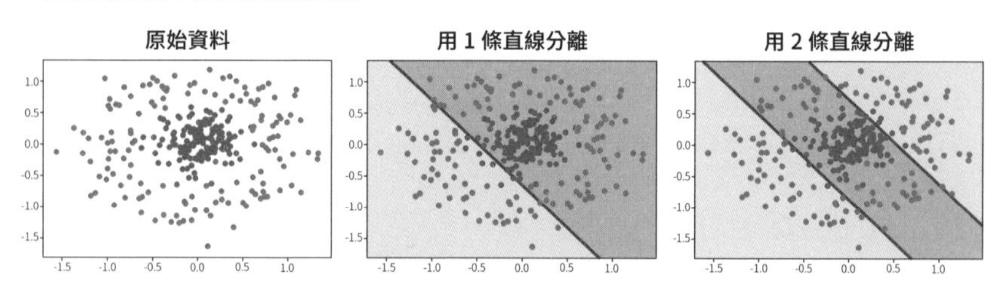

那麼，該怎麼做才能把兩個學習結果疊在一起呢？在本回的例子中，因為我們使用了兩個邏輯迴歸模型，因此預測結果也變成兩種。換言之，我們**新生成了兩列資料**。

然後我們把這個預測結果當成特徵，用新的模型去學習，即可生成兩條直線重疊而成的學習模型。

■ **疊合了2條直線的學習模型**

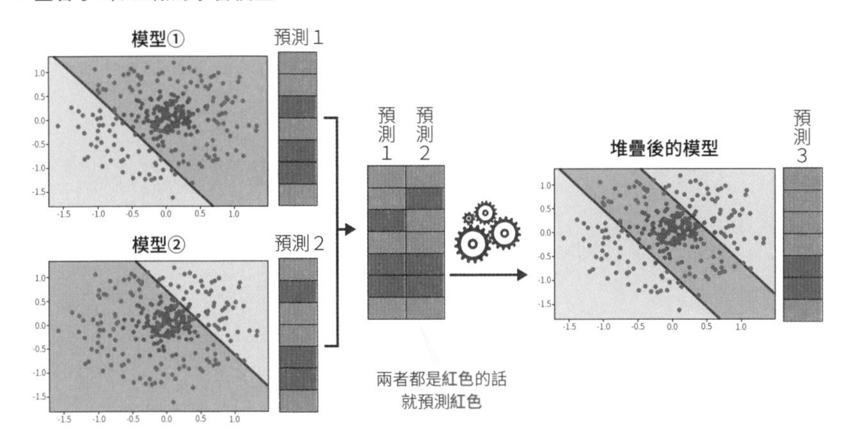

■ **疊合了4條直線的學習模型**

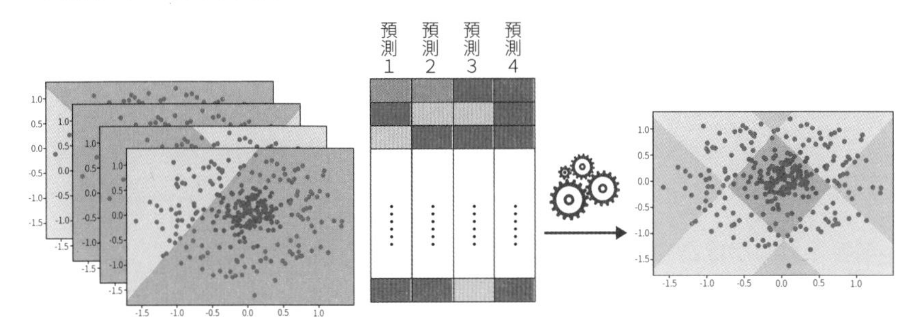

如果需要更複雜的話，只要再增加模型的數量即可。比如使用四個模型的話就能用四條直線去分離。

上述流程的簡化圖就如上圖所示。

神經網路擁有由多個神經元集合而成，俗稱「層」的內部結構，而且每個「層」都有自己的名字。負責將特徵輸進演算法的層叫「**輸入層**」，負責接收特徵到輸出前的層叫「**中間層（隱藏層）**」，最後負責輸出預測結果的層叫「**輸出層**」。而**深度學習**就是擁有好幾層「中間層」的神經網路。

本回使用了邏輯迴歸模型進行解說，這類函數一般稱為「**激勵函數**」（P.162）。而邏輯迴歸模型所用的函數叫「**S型函數**」，此外還有ReLU等函數。

■ 神經網路的三個層

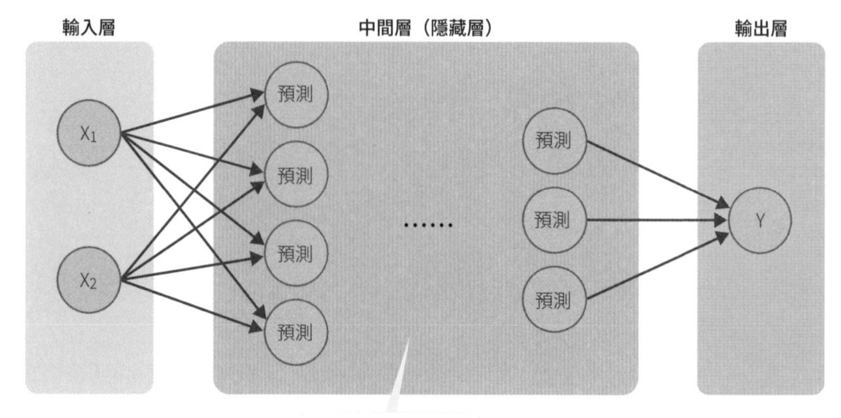

神經網路的用途

神經網路和深度學習透過增加中間層的數量來捕捉資料的複雜傾向，因此被應用在自然語言處理和圖像辨識等用途上，但除此之外**它也能作為列表資料的預測模型，發揮出很高的精度**。

同時，神經網路最大的特徵，是能透過不同的組合方式來**打造各種用途的學習模型**。比如它可以同時使用自然語言、圖片、列表資料等不同結構的資料進行學習。

不僅如此，全球許多研究者都公開了自己的**已訓練神經網路**，讓我們不用自己準備大量資料，也能立即準備好實驗環境。儘管神經網路存在著後述的解釋性困難，但在各種需要高預測精度的情境中，神經網路都能大顯神威。

至今為止我們介紹過各種各樣的監督式學習演算法，但**沒有任何一種可以泛用地應對所有情境**。在精度方面，雖然XGBoost在使用某些種類的訓練資料時精度無人能及，但在另一些情境下卻是神經網路的表現更好。請嘗試各種不同的演算法，找出最適合需求的模型。另外，也有些演算法雖然預測精度不高，但只要用對地方就能帶來很多方便，比如決策樹和線性迴歸模型。什麼時候應該用哪種演算法，全憑使用者的巧思和創意。

神經網路的注意點

●解釋的困難性

神經網路和深度學習雖然能夠捕捉複雜的傾向，卻也是一種**難以解釋的演算法**。目前，儘管全球的研究者們已在研究如何解釋機器學習的學習過程和預測結果，但跟線性迴歸模型（參照P.196）和決策樹（參照P.200）等演算法相比，這種演算法的資料傾向仍然非常難以解釋。因此，第5章介紹的XAI（參照P.181）等研究才會備受關注。

●過擬合

如同至今介紹過的所有演算法，神經網路的精度雖高，但性質上也**更容易發生過擬合**（參照P.172）的現象。因為如果只調整中間層層數的話，會讓模型捕捉複雜傾向的能力降低，所以目前大多採用「**Dropout**」來解決這問題。

Dropout是一種在學習過程中**讓一部分學習節點不發揮功能**來減少過擬合的演算法。在製作神經網路時，除了微調中間層外，也可以適當地利用Dropout來訓練模型。

總結

- 將簡單模型堆疊起來即可捕捉複雜的資料傾向。
- 除了自然語言和圖像之外，神經網路亦可處理列表資料。
- 因為可解釋性不高，在需要解釋推論過程時應考慮改用別的演算法。

46 監督式學習7：k-NN（k-Nearest Neighbor）

k-NN是一種監督式學習的演算法，但沒有「學習」的過程，而是用硬記資料的方式來進行預測，是種很特別的演算法。由於其原理是用資料間的距離來做預測，故常用於異常偵測等用途。

用特徵相近的資料進行多數決

k-NN是k-Nearest Neighbor的縮寫，中文譯為「**K近鄰演算法**」。這種演算法非常簡單，原理是將想預測的值輸入後，用**離特徵較近的資料進行多數決，然後用多數決的結果當成預測值**。

■ k-NN演算法的原理

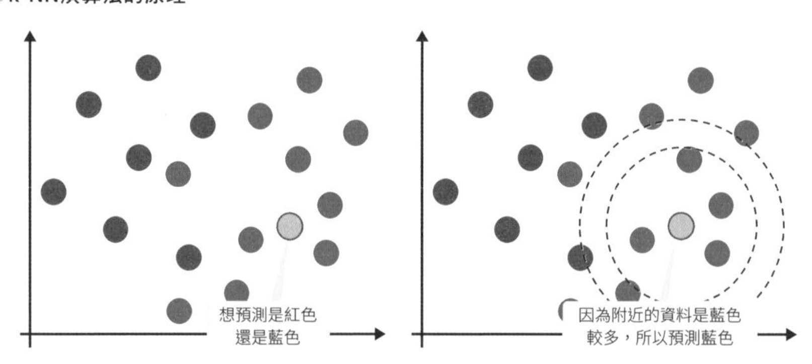

多數決時所用的資料數量，是由一個叫「k」的超參數來決定。k值太大時資料會難以擬合，但太小的話又會導致過擬合，因此必須用**交叉驗證等方式找出最佳值**。

k-NN的用途

由於k-NN可以捕捉複雜的傾向，因此可應用於各種用途。

k從上圖可以看出，k-NN的分類精度比起其他演算法有過之而無不及。

■ 用於決定資料數量的超參數「k」

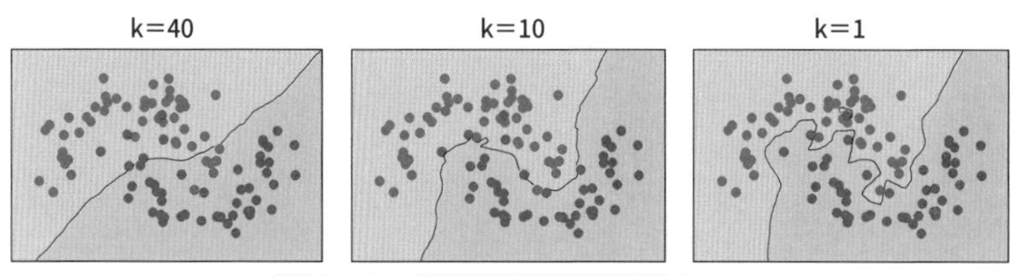

k 太大時資料不易擬合，太小時則會過度擬合

■ 跟其他演算法的精度比較

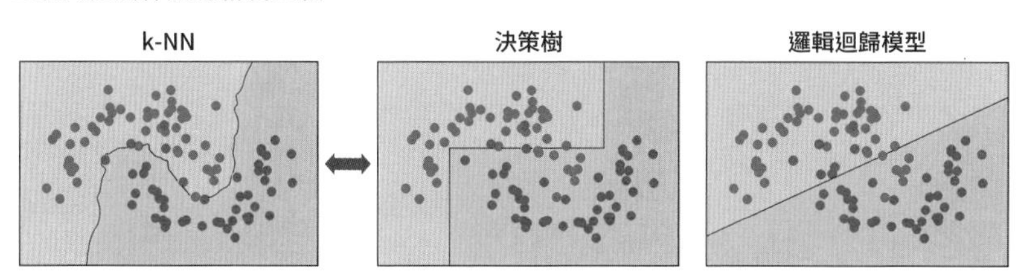

但k-NN也有幾個需要注意的地方，比如必須對齊特徵之間的尺度，以及不適合大量資料等。

●對齊特徵之間的尺度

因為k-NN是用距離進行預測，如果特徵之間的尺度都不一樣的話有可能會無法預測。所以使用前請**先對特徵進行標準化之類的預處理**。

●不擅長對大量資料進行預測

雖然不用學習這點很簡單方便，但k-NN每次預測時都需要用到所有資料，因此計算成本很大，**不適合用大量資料進行預測**。請在資料數量較少的情境中使用k-NN。

總結

- **k-NN是硬背資料的線上學習演算法。**
- **k-NN用距離相近的資料進行多數決，但計算成本很大。**

47 非監督式學習1 [分群]：k-means法

「k-means法」在非監督式學習中屬於分群的演算法，是分群方法中最代表性的方法之一，也是吸納了大量非監督式學習基礎概念的理論。

集中相似資料加以分類的演算法

「k-means法」（參照P.55）不使用範例資料，是一種集中相似資料後再加以分類的演算法。儘管名稱跟k-NN相似，但k-means法是一種不需要正解標註的非監督式學習。k-means法會將所有資料分成數個群集（cluster），將各個資料**分到群集中心點離它們最近的群集中**。這個演算法的步驟如下。

① 隨機決定初期的中心點。
② 將資料分到中心點離它最近的群集中。
③ 重新計算各群集的中心點。
④ 將資料分到中心點離它最近的群集中。
⑤ 重新計算各群集的中心點。
⑥ 重複②～⑤→直到中心點不再變化後停止。

k-means法的用途

舉個例子，假設我們要將某個新聞App的使用者分成多個組別，然後為每個組別量身打造不同的促銷策略。分組的依據除了年齡、性別等屬性資訊外，還包含各時間段閱讀的新聞篇數等等。

此時，我們就可以**用分群演算法分析整體的傾向進行分組**。其中k-means法的分群結果比起其他方法更容易解釋。事實上，因為群集的**中心點就代表了平均值**，所以我們只需比較各群集中各變數的平均值，即可掌握各群集的傾向或群集之間的差異。

■ 集中相似資料再分類

①隨機決定初期值

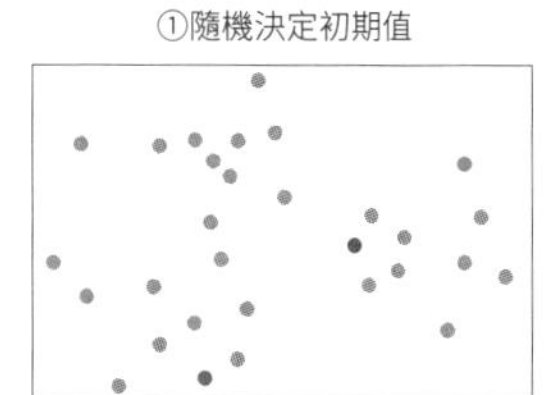

②將資料分給離初期值最近的群集

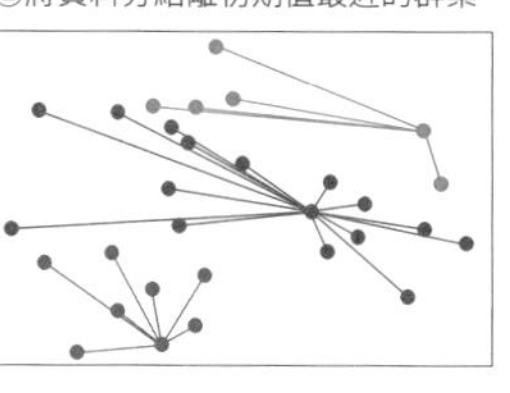

③計算中心點

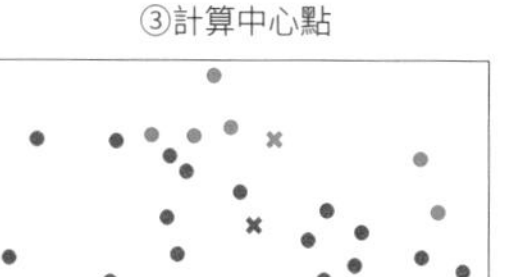

④將資料分給離中心點最近的群集

⑤計算中心點

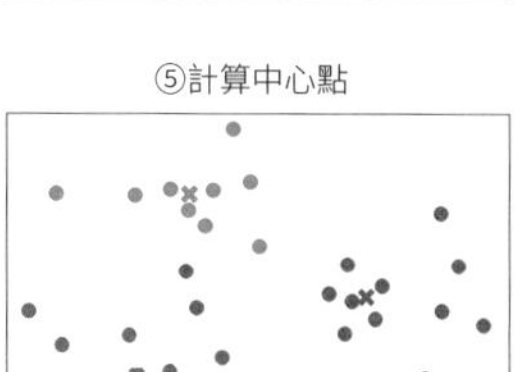

⑥重複步驟

■ 比較中心點

	使用者數	平均年齡	男女比	平均時間段		平均閱讀篇數
群集 1				12-15 時	…	
群集 2				19-21 時	…	
群集 3				9-12 時	…	
⋮	⋮	⋮	⋮	⋮	⋮	⋮

k-means法的注意點

●對齊變數大小的重要性

由於k-means法在計算過程中會用到距離，因此必須**對齊變數之間的變異數（參照P.133）**。如果變異數沒有對齊，分群的結果就會被變異數大的變數影響，因此請事先做好標準化。

●群集數量的決定方法

群集數量必須由分析者事先決定。在理論上有很多種決定方式，本節介紹其中最基本的「**手肘法（elbow method）**」。

手肘法會用到一種名為「**WCSS**」的值。這個值是各資料到它**所屬之群集中心點的距離總和**。讓我們看看當群集增加時，WCSS在圖上會如何變化。

觀察下圖會發現，**當群集數低於3時，WCSS會隨群集數增加而快速減少**，但之後就不太會再變動。因為這條**代表最佳群集數的折線形狀很像「手肘」**，所以被稱為「手肘法」。

■ **手肘法的概念**

原本最合適的
群集數是 3

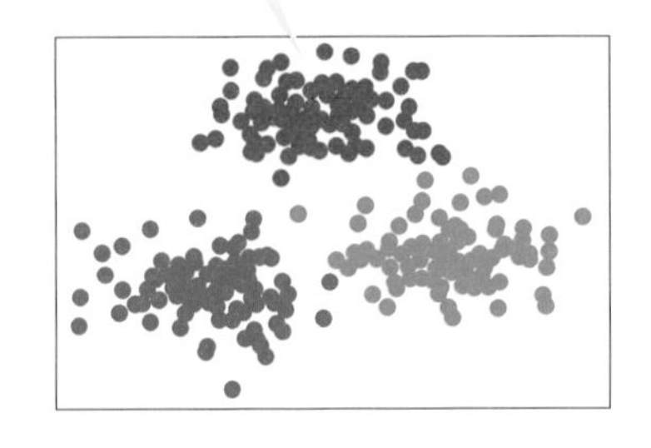

用圖表呈現群集數增加時
WCSS 的變化

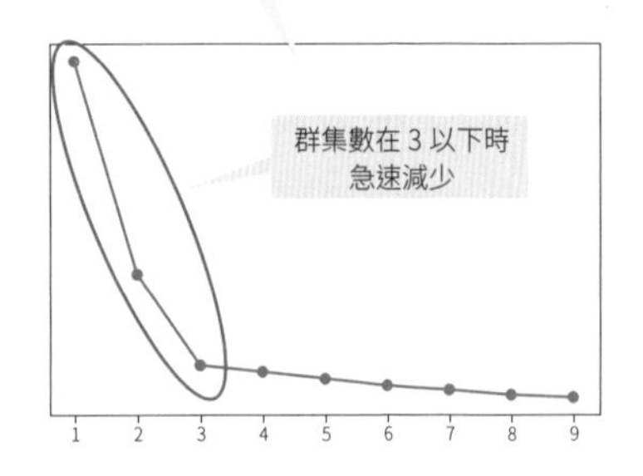

即使是難以視覺化的多變量資料，只要將 WCSS 畫出來，
即可推估出合適的群集數

不過，實務中所用的資料極少能畫出這麼漂亮的「手肘」形，大多都是和緩的曲線。

除此之外，我們還必須思考分群的目的。以前述的新聞App為例，假如我們的目的是「為每個群集撰寫不同電子郵件訂閱文案」，那麼若手肘法算出的最佳群集數量是20的話，就代表我們得思考20種文案，將大幅提高行銷成本。因此手肘法的結果充其量只能當成一個參考標準。

●複雜傾向資料的分群

k-means法在遇到如圖P.225這種複雜的資料傾向時，將無法順利完成分群。

■ 當資料具有複雜傾向時的分群結果

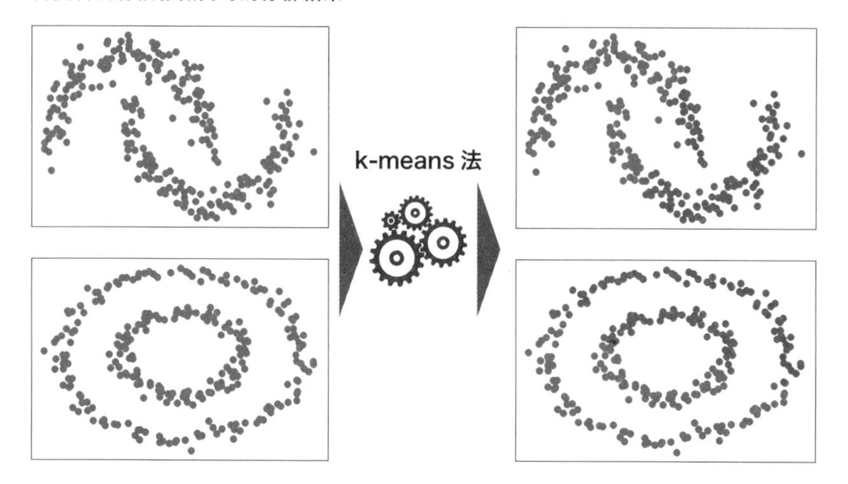

然而，要事先看出資料傾向的複雜程度非常困難。不僅如此，k-means法跟監督式學習不同，無法明確定義精度，只能用人類的專業知識來判斷分群結果是否合理有效。

假如沒有足夠的專業知識，無法判斷分群結果是否合宜，切勿對k-means法的結果照單全收，應該重新設計變數，或是考慮改用別的演算法，靈活地調整做法。切勿以為「演算法的結果絕對不會錯」。

總結

- k-means法是計算各群集的中心點來分類資料的非監督式演算法。
- 群集數量應考慮使用目的後再使用手肘法決定。
- 不可以對分群結果照單全收。

48 非監督式學習2 [分群]：階層式分群

「階層式分群」是分群演算法的一種。它採用了古典的途徑，用「樹形圖」來表現各群集之間的關係。由於一眼就能看到分群的過程，因此屬於解釋性很高的演算法。

按資料間距離分組的演算法

「階層式分群」跟k-means法（參照P.222）相同，是一種**測量資料間的距離來分組**的演算法。但跟k-means法不同，階層式分群不用預先決定群集的數量。

① 將每個資料當成1個群集。
② 計算資料之間的距離。
③ 將距離最近的2個資料當成1個群集，以其中心點為群集座標。
④ 計算各資料與群集座標之間的距離。
⑤ 重複③～④，直到所有資料變成1個群集。

■ 反覆測量資料之間的距離進行分類

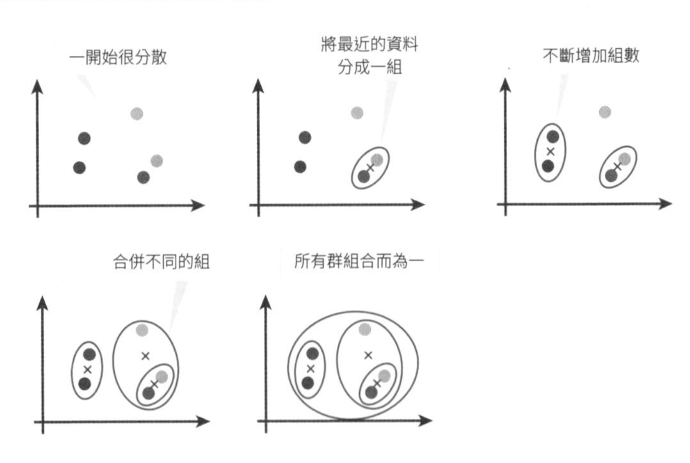

用樹形圖解釋結果

階層式分群會逐步合併群集，直到最後只剩下一個群集。這個過程可以用階層呈現，而這個階層畫成圖後就是「**樹形圖**」。樹形圖的縱軸代表距離，藉由設定切割的閾值，可以決定目標的群集數。

■ **樹形圖的概念**

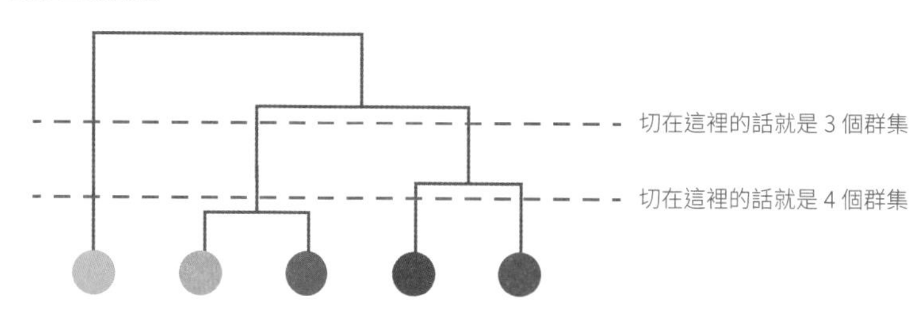

階層式分群的用途與注意點

階層式分群是一種**解釋性優秀的方法**，可以用於各種分群任務。除此之外，因為只要觀察樹形圖就能找出離群值，因此也能用來**偵測異常值**。

階層式分群最大的缺點是**計算成本**。因為必須不斷去計算所有資料之間的距離，因此計算成本非常高。當資料量不多時，階層式分群是很好用的方法，但要處理大量資料的話，建議改用其他演算法。另外，階層式分群也跟k-means一樣要計算距離，所以必須**對齊各變數的大小**。

總結

- 階層式分群式不斷合併群集的演算法。
- 階層式分群可以用樹形圖解釋。
- 它的計算成本很高，不適合大量資料。

49 非監督式學習3 [分群]：譜分群

「譜分群」著眼於網路結構的分群方法。它不是根據資料的特徵進行預測或分群，而是一種著眼於資料間關係的新途徑。

用網路結構進行分群的演算法

在講解如何用圖網進行分群前，我們先簡單介紹演算法的基礎——**圖（graph）**。在下圖的人際關係中，如果兩個人物圖標之間有線相連，就代表這兩個人是「朋友關係」。而如果用圖網表現的話，那麼人物圖標就是「**節點（node）**」，而連線部分稱為「**邊（edge）**」。

而「譜分群」的原理是一一切斷資料的每個邊，然後看看是否能分成漂亮的群集，**找出最能分出漂亮群集的邊**。而在下面這張圖中，切斷C-D之間的邊最能分出漂亮的群集。

■以人際關係網路為例

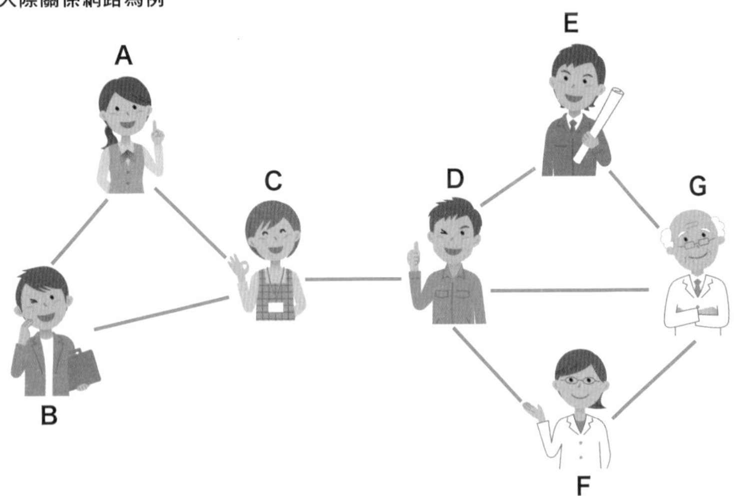

使用資料間距離的譜分群

前面我們用了人際關係當例子，但只要能夠定義**節點之間的關係**，任何資料都可以套用譜分群。

就算是k-means無法分類的資料，只要把各資料當成節點，然後用直線距離定義節點間的關係，有時也能用譜分群順利完成分類。

■ k-means法跟譜分群的比較

k-means 法

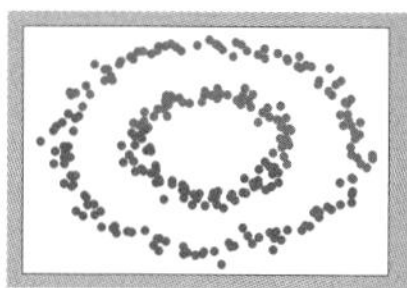

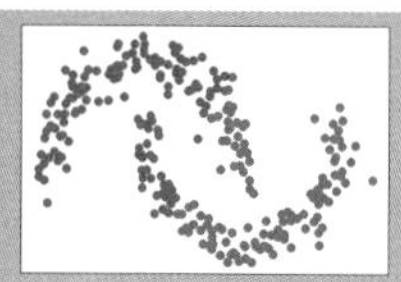

譜分群

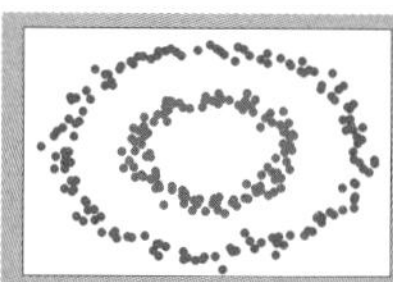

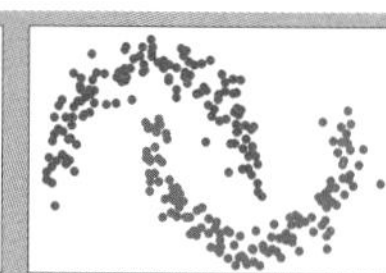

譜分群的用途與注意點

譜分群作為一種列表資料的分群方法，用途非常廣泛，尤其在**需要假設圖網結構**時是非常有效的方法。圖網分析被廣泛應用在社群網路分析、地區社群偵測、物流網分析、蛋白質相互作用的分析等各種領域。

但要注意的是，圖網依照節點和邊的關係分成很多不同種類，而譜分群並不適用於某些種類的圖網。

以下介紹各種圖網的種類。

●無向圖

如人際關係、道路網等**節點間的關係不具「方向性」**的圖。這是最簡單的圖，譜分群基本上是以無向圖為主。

●自環

跟無向圖長得幾乎一樣，只是**節點跟自身也存在「連接」**，比如網際網路上的網頁就屬於自環。

●多重圖

節點到節點之間存在多條路徑。比如在路網圖中，起點到終點可以存在多條路徑，所以就屬於多重圖。譜分群無法處理多重圖。

●有向圖

比如社群網路的追蹤關係和論文的引用關係等**具有「方向性」的關係**。不同於無向圖，譜分群無法處理有向圖，因此必須先把資料轉換成無向圖，或是改用「**隨機塊模型（stochastic block model）**」等可以處理有向圖的分群演算法。

●權重圖

前面幾種圖都是用整數的0或1等來表現邊，但我們也可以**為連結定義強弱**。比如人際關係可以用聊天訊息的多寡，道路可以用距離，鐵路可以用運費等參數（權重）來定義強弱。

■ 各種圖網種類

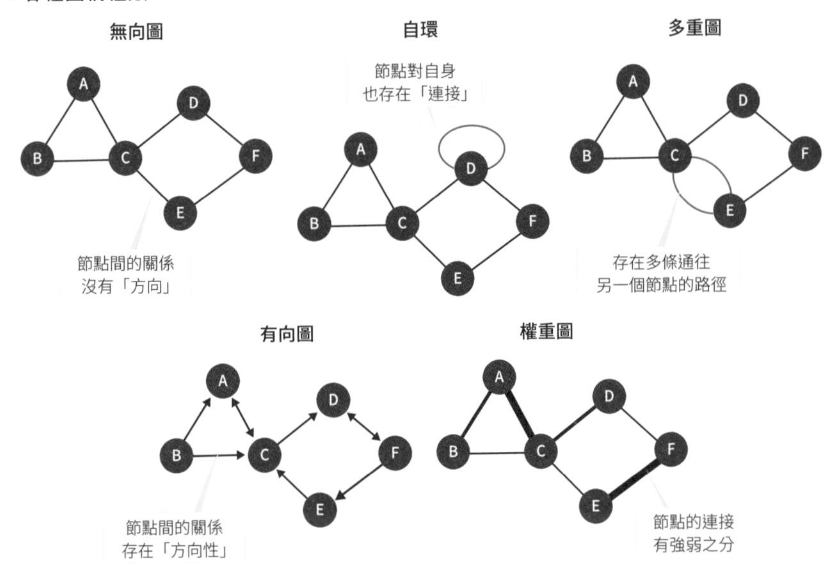

這幾種圖也可以互相組合。比如用圖網來表現跟朋友之間的訊息往來時，訊息數量是**參數**，誰傳給誰具有**方向性**，因此可用**加權有向圖**來表示。請思考自己想分析的對象及分析目的，事先檢討要使用哪種圖網。

用鄰接矩陣來表現圖網

將前面介紹的圖網結構轉換成列表（table），就叫「鄰接矩陣」。鄰接矩陣是**一個行數和列數都等於邊數的正方形表格**。比如，將下圖的無向圖轉換成鄰接矩陣後，因為圖的邊數是6，因此會得到一個6 × 6的正方形。兩個節點有相連的話就填1，沒有相連的話就填入0，如此便可表現圖網的構造。

■ **無向圖與鄰接矩陣列**

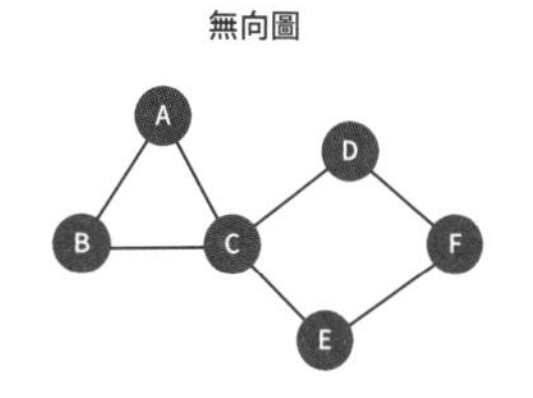

鄰接矩陣

	A	B	C	D	E	F
A	0	1	1	0	0	0
B	1	0	1	0	0	0
C	1	1	0	1	1	0
D	0	0	1	0	0	1
E	0	0	1	0	0	1
F	0	0	0	1	1	0

無項圖的鄰接矩陣會是一個右上半部和左下半部對稱的表格，而譜分群就是利用這種鄰接矩陣來進行分群。

另外，改用權重圖也完全沒有問題。

總結

- 譜分群是一種著眼於資料間的圖網結構的分群方法。
- 譜分群可應用於各種可假定圖網結構的領域。
- 需要依照圖網的特徵檢討和設計圖網種類。

50 非監督式學習4 [降維]：PCA（主成分分析）

「PCA（主成分分析）」是將高維特徵轉換到低維的降維方法中最簡單的演算法。可用於歸納難以視覺化的高維資料，或是減少資料量提高計算效率。

使用高維資料的影子歸納資料的PCA

「PCA（主成分分析）」的原理是**對高維資料打光，用投影的方式來歸納資料**。舉例來說，假設有個資料分布在三維空間中，如果從某個角度用一道光去照射它，它的影子就會變成二維的資料，達到削減資訊量的效果。對三維資料打光使之降成二維後，如果再把它轉換成一維資料，就能把這個資料投射在直線上進一步歸納。在上面的比喻中雖然原始資料是三維的，但實際上更多維的資料也能用類似的方式降維。

■ 對三維資料打光進行歸納

將三維轉成二維的PCA

x_1	x_2	x_3
10.2	3.3	2.4
-2.5	9.5	9.0
⋮	⋮	⋮
2.2	4.3	−5.5

z_1	z_2
8.8	4.3
5.5	-1.2
⋮	⋮
5.2	3.0

如投影般將資料投射到二維空間上

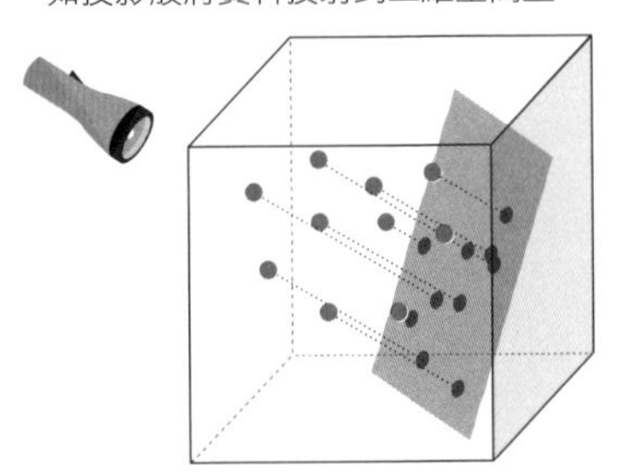

這裡，我們要使用下面的算式將三維轉換成二維。

這個算式長得很像線性迴歸模型對吧。用這種線性式進行降維的方法就叫「**線性降維**」，而PCA也是線性降維的一種。

$$z_1 = a_1x_1 + b_1x_2 + c_1x_3 \qquad z_2 = a_2x_1 + b_2x_2 + c_2x_3$$

為了在把x轉換到z的過程中盡可能減少資訊的遺失，PCA會運用一些技巧來找出合適的a、b、c。

盡可能保留資料的資訊量

一如前述，PCA用投影的方式來削減資料，而打光的角度不同時，得到的結果也不一樣。

■ **打光的方向不同，結果也不同**

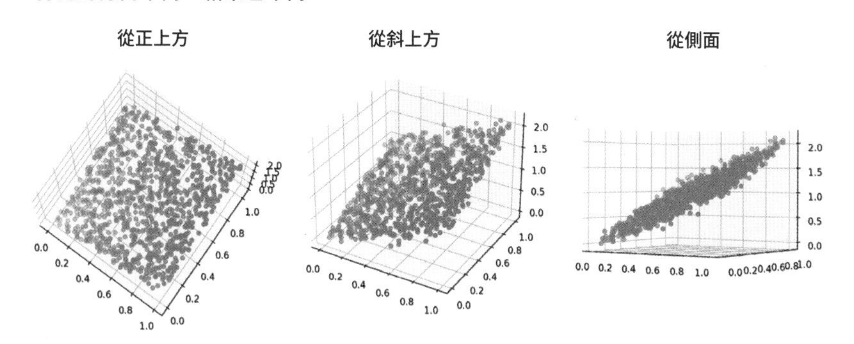

打光投影時，若能盡可能照出面積最大的影子，就愈能保留資料原本的傾向。換言之，**影子的縱軸和橫軸的變異數愈大**，保留的資料傾向就完整。

而PCA在降維時會去尋找轉換後變異數最大的投影方向。

■ **PCA的結果**

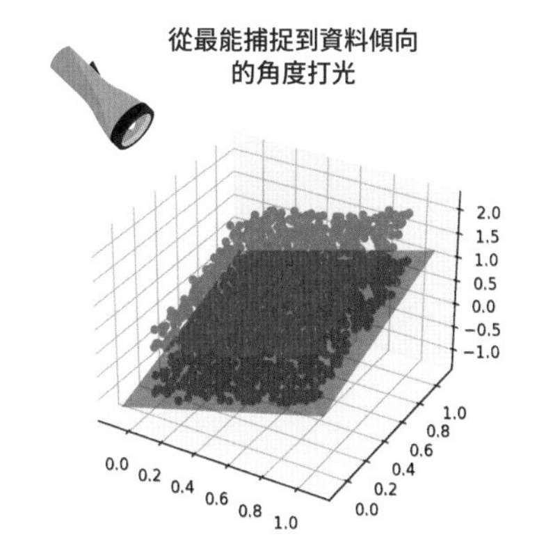

投影出的平面

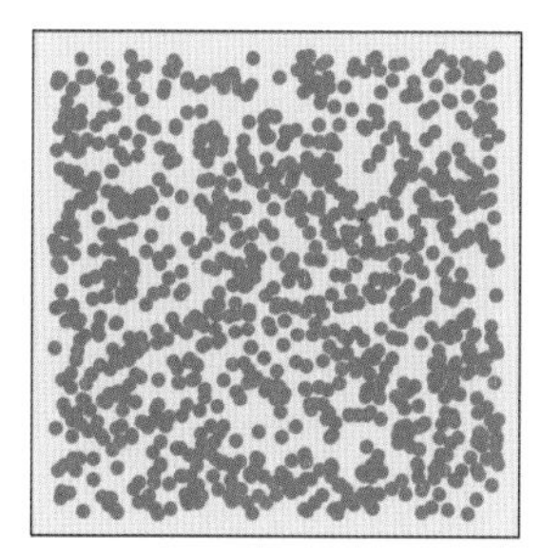

PCA的用途

PCA可用於解釋資料，或是加工監督式學習用的特徵這兩種目的。不論哪一種都需要一點訣竅才能用得好，以下介紹幾個相關的技巧。

●用PCA解釋資料

這裡用「國文」、「數學」、「理化」的考試分數為例，解說如何用PCA解釋資料的意義。下圖（三個科目的散布圖）是對各學生這三個科目的成績進行PCA的結果。事實上PCA在將資料轉換成二維時，原本的軸也會一起轉換，因此這個軸也能用來解釋資料。

■三科目考試成績的PCA

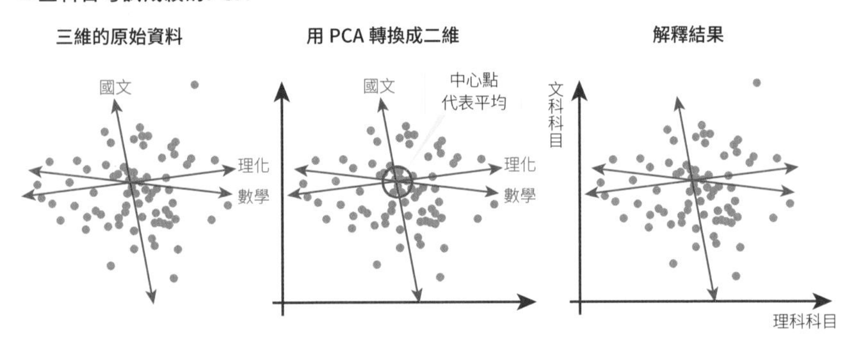

解讀PCA的結果，我們發現數學和理化的分布非常接近，因此似乎可以整合一個「理科科目」的新橫軸。而剩下的國文也同樣可以重新理解成「文科科目」的軸。

這三個科目原本的軸交會的中心代表了平均，因此落在圖上方的學生可解釋成擅長文科，而落在下方的學生則代表不擅長文科。同理，落在右側可解釋成擅長理科，落在左側代表不擅長理科。

如上所見，只要運用PCA，就可以透過解讀座標軸來掌握學生們擅長與不擅長的科目，而同樣的方法在商業界則可以用於市場調查。

●加工監督式學習用的特徵

PCA也可以在製作監督式學習模型時當成特徵的加工方法。因為削減資訊有時候可以減少噪訊，繼而提高精度。此外，因為資料的維度降低了，所以計算成本也變小，可以**縮短學習時間**。

轉換後的維度原則上愈低愈好，但太低的話又會影響模型精度，因此通常會用一種叫「**貢獻率**」的指標當標準。所謂的貢獻率，指的是資料在轉換後還保留多少資訊。轉換後的維度從1開始依序增加，每個維度的貢獻率累計值稱為「**累積貢獻率**」。一般用會80%的累積貢獻率當成決定維度的標準。

■ 累積貢獻率的範例

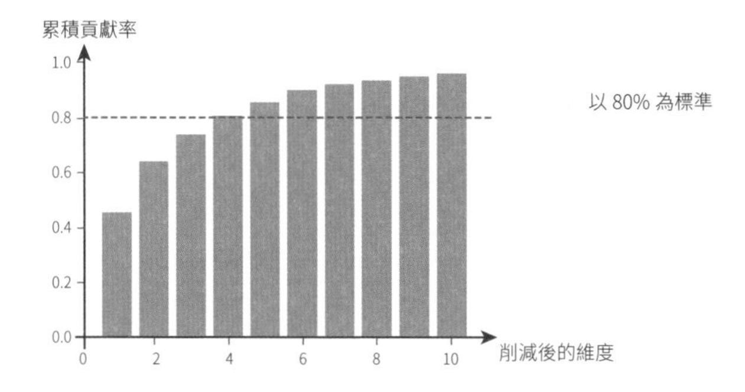

PCA的注意點

因為PCA是用變異數進行計算，所以變數要先經過標準化處理，**使各變數的變異數相等**。雖然一般常用的程式庫大多會事先在幕後幫我們算好，但還是要認識標準化的必要性。

總結

- PCA是用投影到低維的方式替資料降維的演算法。
- PCA可用於解釋資料和加工特徵。
- 使用前必須先做變數的標準化。

51 非監督式學習5 [降維]：UMAP

「UMAP」是俗稱「流形學習」的監督式學習的一種。它可以用低維資料表線資料在高維空間中的關係性，因此主要用於高維資料的視覺化。

在降維時保持資料間距離的UMAP

為了更好地解釋什麼是「UMAP（Uniform Manifold Approximation and Projection）」，我們先直接比較一下PCA和UMAP的降維結果。觀察PCA的降維結果，會發現PCA的降維方法是**改變原始三維資料的觀看角度**。另一方面，UMAP的做法則是**把原本捲在一起的資料給攤開**。

■ PCA與UMAP的比較

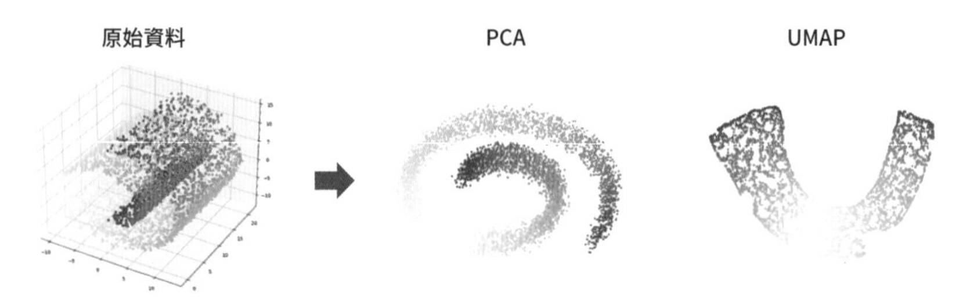

之所以會出現如此差異，是因為UMAP在降維時除了資料整體的傾向外，還會**盡可能維持原始資料之間的「距離」**。

UMAP的特色是會用網路（network）去掌握資料間的關係性，然後在維持原本網路結構的狀態下從高維轉換到低維。

另外，UMAP是俗稱「流形學習」的方法之一種。而流形學習差不多就是將第4章的專欄（參照P.137）所介紹的流形假說給模型化的技術。

用網路結構來捕捉資料關係的UMAP

下面我們以三維到二維的降維來説明UMAP的演算法原理。第一步是決定要連接的資料數，這裡我們設定為3件。接著，我們將資料一件一件取出來，按照資料的距離由近到遠排序，將最靠近的前3件資料連起來。最後，**按照距離的遠近替資料的「連線」加上權重「參數」**，愈近的愈大。這樣就完成網路化了。

然後，只要決定資料的配置方式，使其在對二維資料用相同方式生成網路時，可以生成相同的網路結構就行了。

■ 依序取出資料，將「關聯」較近的連起來

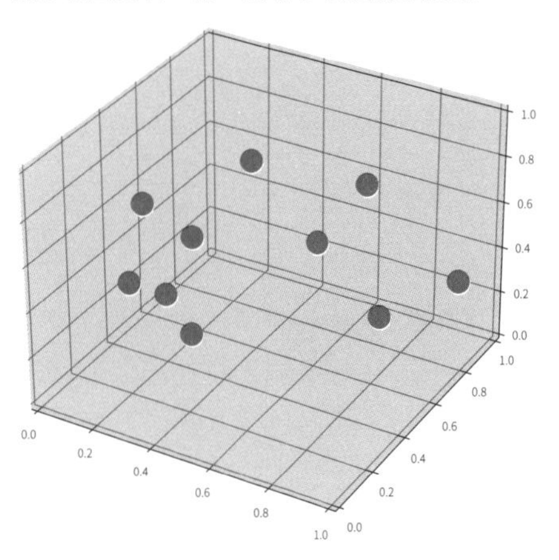

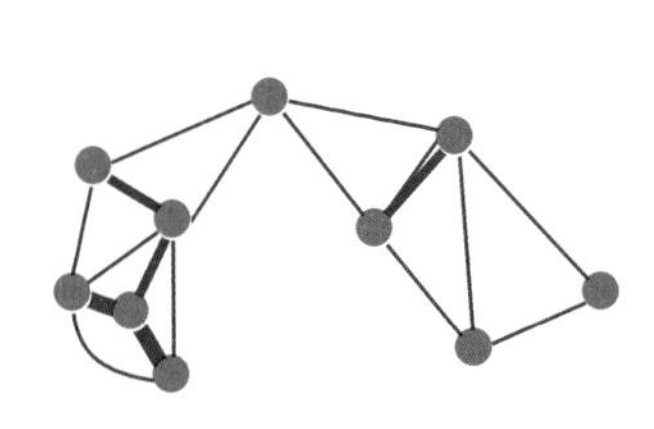

■ 決定二維資料的配置方式，使其生成同樣的網路

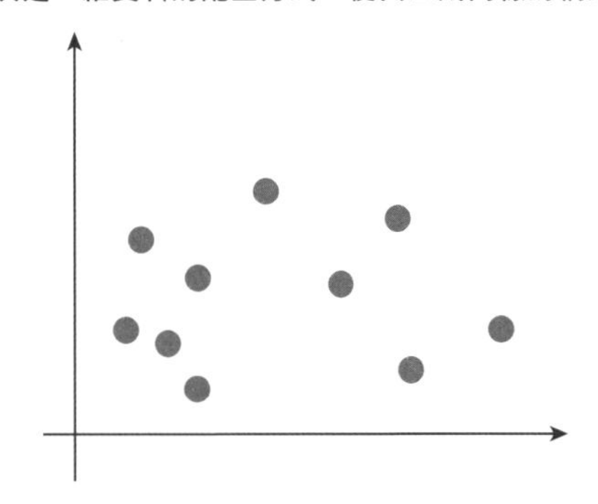

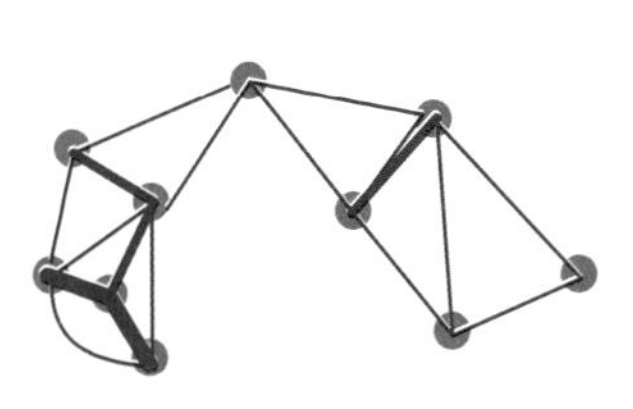

UMAP的超參數

UMAP的降維結果會因超參數的調整方式改變。以下介紹兩個主要的超參數，請你自己一邊實驗一邊調整看看。

轉換結果會隨超參數改變

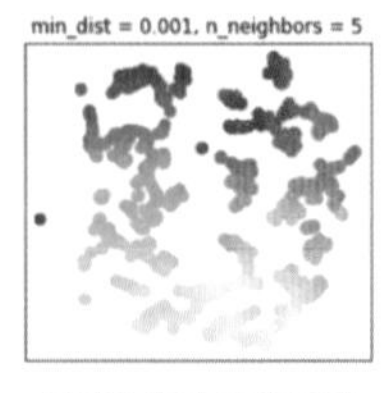

min_dist = 0.001, n_neighbors = 10

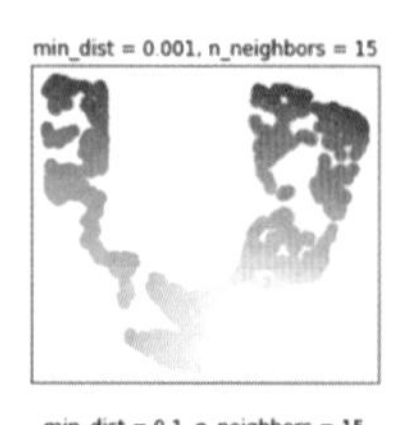

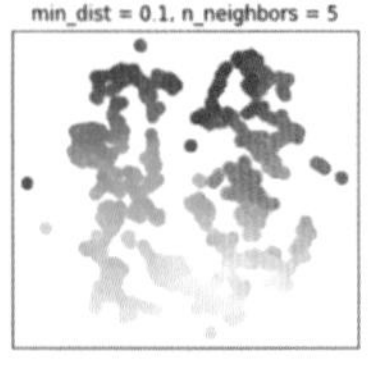

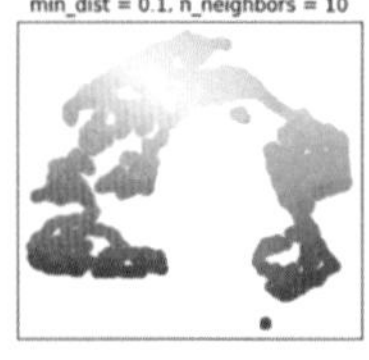

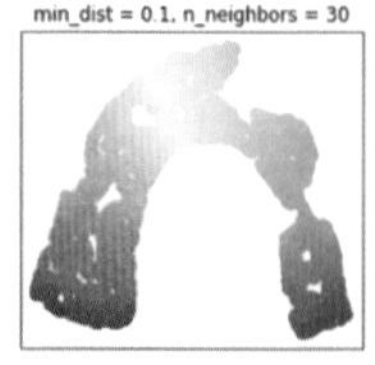

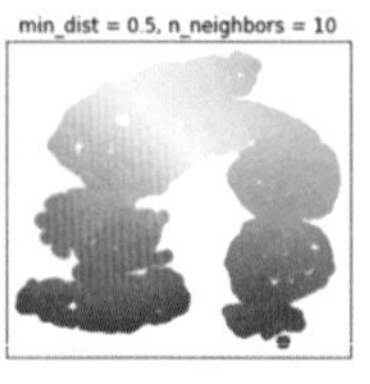

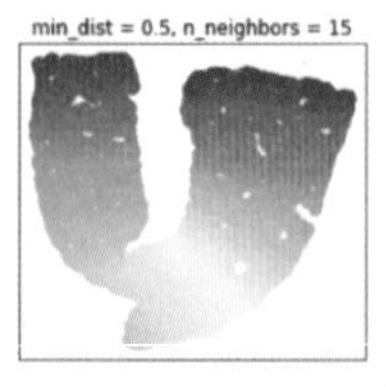

UMAP主要的超參數

n_neighbors	在生成網路時，**決定要連結幾件資料的參數**。此參數的值愈大，代表愈重視資料整體的結構，值愈小代表愈重視局部的結構。
min_dist	**決定資料要壓縮多少程度**的參數。此參數的值愈大，輸出的整體資料愈緊密集中，值愈小則資料愈分散。用於分群等資料分散一點會更好的情況時，可以將此值設得小一點；想維持整體結構時，可以將此值設得大一點。

UMAP的用途與注意點

UMAP即使遇到具有複雜傾向的高維資料，也能**在降維時保留較多的原始資訊**。利用這個性質，就可以用視覺化的方式檢查高維資料的分群結果是否有效，或是用來加工監督式學習用的資料特徵。

然而，雖然UMAP可以對複雜傾向的資料進行降維，但這種方法也有很多限制。使用時必須注意以下幾點。

●轉換後的資料無法解釋

UMAP不同於PCA，是一種為了盡可能維持轉換前後的資料資訊而設計的演算法，因此無法透過解讀轉換後的縱軸和橫軸來解釋資料傾向。在需要解釋資料時請改用PCA。

●計算結果的可重現性

由於UMAP的學習具有隨機性，因此使用相同的資料和相同的參數也不一定能產生相同結果。UMAP擁有可控制隨機性的參數，假如想要結果有可重現性的話，請使用該參數調整。

●需要較多計算時間

UMAP的計算很花時間。PCA在大多情況下幾乎一瞬間就能算完，但UMAP有時一次計算就得花上幾十分鐘。如果再加上超參數的最佳化就得花上更多時間，因此使用時請先試跑一次，估算一下大約會花多少時間。

總結

- **UMAP可在降維時保留原始資料間的「距離」。**
- **UMAP可用於高維資料的視覺化。**
- **轉換後的資料很難解釋。**

52 非監督式學習6 [降維]：矩陣分解

「矩陣分解」是一種分解資料的元素來提取資訊的降維方法。這種方法被廣泛應用於訊號處理和自然語言處理等各種領域。本節將用有名的電影推薦事例來介紹矩陣分解的原理。

分解資料元素的矩陣分解

假設有一個影劇串流網站，想對該網站的使用者推薦其他他們沒有看過的電影。這個影劇網站上收集了各個影劇的評價資料，並決定使用這些資料來進行推薦。

■ 電影的評價資料

	電影A	電影B	電影C	電影D	電影E	電影F	……
使用者1	5	1	2	4	沒看過	3	……
使用者2	沒看過	3	4	沒看過	2	3	……
使用者3	2	2	沒看過	4	3	沒看過	……
⋮	⋮	⋮	⋮	⋮	⋮	⋮	⋮

而「矩陣分解」的模型會把這些資料理解成**「使用者的喜好」和「電影類型」的乘積**。然後模型會比較自己推測的「使用者喜好」和「電影類型」相乘結果跟實際的評價資料，假如模型的推論結果跟原始資料相近，代表這套方法也能正確預測出這名使用者對另一部他沒看過的電影的評價。而只要能預測評價，就可以對使用者推薦他可能會喜歡的電影。

下面我們用「使用者的喜好」和由「動作」、「驚悚」、「愛情」這三種潛在成分組成的「電影類型」來解說矩陣分解的計算方式。所謂的潛在成分，指的是可描述資料性質的隱性成分。

■「使用者喜好」與「電影類型」的潛在成分

	動作	驚悚	愛情
電影A	1.5	1.1	0.1
電影B	0.9	0.5	2.2
電影C	2.5	0.5	0.5
⋮	⋮	⋮	⋮

數字代表該使用者
對該類型的喜愛度

	動作	驚悚	愛情
映画A	0.1	0.3	2.0
映画B	1.7	1.2	0.7
映画C	0.8	1.6	0.3
⋮	⋮	⋮	⋮

數字代表該電影
含有多少該類型的成分

我們把使用者資料轉換成「對各類型電影的喜好度」的表格，並把電影資料轉換成「各電影含有多少該類型成分」的表格。同時，我們假設當一部的類型成分跟使用者的喜好相近時，使用者會對該電影給予較高評價。

接著，我們將這兩個資料相乘，試著計算評價矩陣的預測值。結果使用者1對各電影評價的預測值如下圖。

■預測值的計算範例

	動作	驚悚	愛情	
使用者1	1.5	1.1	0.1	
	×	×	×	
電影A	0.1	0.3	2.0	
	‖	‖	‖	電影A的評價
	0.15 ＋	0.33 ＋	0.2 ＝	0.68

	動作	驚悚	愛情	
使用者1	1.5	1.1	0.1	
	×	×	×	
電影B	1.7	1.2	0.7	
	‖	‖	‖	電影B的評價
	2.55 ＋	1.32 ＋	0.07 ＝	3.94

比較電影A和電影B，可看出電影B的潛在成分更接近使用者1的喜好，因此模型給出的評價預測值是B比較高。對所有使用者做一遍相同的計算，即可預測

所有的評價資料。而矩陣分解模型的原理便是從資料學習和推論這個潛在成分。

解讀潛在成分

上面我們用「動作」、「驚悚」、「愛情」當成潛在成分，但光是這樣我們無法得知哪個成分代表什麼意思。由於潛在成分分別被輸出成「使用者喜好」和「電影類型」的矩陣，因此演算法算出的潛在成分必須搭配電影的標題來思考如何解釋。另外，成分的數量必須我們自己指定。因此實作時請一邊解讀成分，一邊找出最恰到好處的成分數。

■ 演算法推測的潛在成分

觀察電影的內容與潛在成分的值
解讀哪個因素代表什麼意思

矩陣分解的用途

矩陣分解的基本用法是將資料降維後加以解釋，此外它能分解成分的特性也被運用在許多用途上，下面介紹其中幾種。

●推薦

一如前面講解演算法時介紹過的，矩陣分解可以找出潛在成分來預測評價，故可當成推薦演算法使用。

●提取文本主題

也有人用矩陣分解來提取一篇文章的主題。一篇文章的類型也是一種潛在成分，可以被模型推論，因此可以根據特徵自動為文章分類。

●音訊分析

除了列表資料外，矩陣分解也能用來分析音訊資料。比如樂隊演奏的樂曲可以用矩陣分解分解出人聲、吉他聲、貝斯聲等不同音源。

矩陣分解的注意點

雖然矩陣分解有很多用途，但它也有兩個需要注意的地方，特別是當成推薦演算法使用的時候。

●冷啟動問題（cold start）

對於第一次使用服務的會員，因為**不存在過去的使用資料**，所以沒辦法預測喜好。這類問題俗稱「**冷啟動問題**」。規避的方法有改為推薦熱門排行的前幾名、使用自然語言處理將產品説明數值化、推薦類似性質的商品等等，有很多其他的替代方案，請依照實際狀況決定對策。

●負的評價預測值

其實用本節介紹的製作推薦演算法時，有時會遇到一種前面沒提到的狀況，那就是**評價的預測值變成「負值」**。但評價一般來説不會有負值。因此，有人想出給模型加上限制，使其不能給出負的預測值的「**非負矩陣分解**」演算法。這個演算法的特徵是「兩個潛在成分都不取負值」，其他的基本概念都跟矩陣分解相同，請依目的靈活使用。

總結

- **矩陣分解會將資料分解成兩個潛在成分。**
- **矩陣分解被應用於推薦功能等用途。**
- **要使用負值時請用「非負矩陣分解」。**

53 非監督式學習7 [降維]：自編碼器

「自編碼器」是利用深度學習進行降維的非監督式學習。此演算法是「變分自編碼器」和「對抗生成模型」等發展型生成模型的基礎演算法。

壓縮資料後再復原的自編碼器

「自編碼器」又叫「自動編碼器」，是一種用神經網路將資料編碼（符號化）壓縮後，再**透過解碼（復原）盡可能重現原始資料的演算法**。除了降維之外，此演算法也被用於異常偵測和生成模型（參照P.132）上。

■ 自編碼器的神經網路

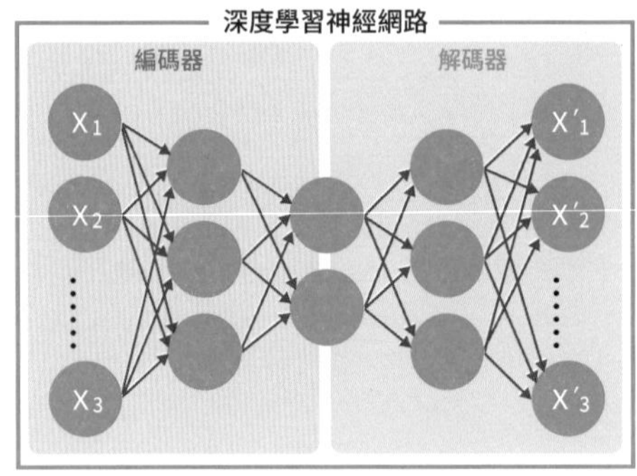

重現後的資料

X'_1	X'_2	……	X'_n

上圖是用自編碼器將擁有多個特徵的資料X還原的神經網路。輸入的資料會先被編碼器壓縮，然後再由解碼器還原成跟原始資料相同的大小。跟監督式學習不同，自編碼器不會預測目標變數，而是使用所有輸入的資料，學習如何完全重現原始資料。

這個網路的特徵，在於資料會在途中被壓縮。雖然經過壓縮，但只要能重現出原始資料，就等於**保留了所有可重現部分的資訊**。換言之，只要神經網路經過充分的學習，就可藉由取出中間被壓縮的層來將資料降維。

■ 做完中間層的降維後當成資料取出

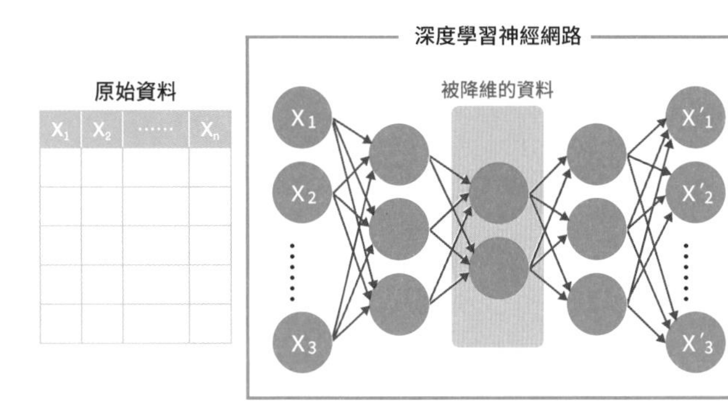

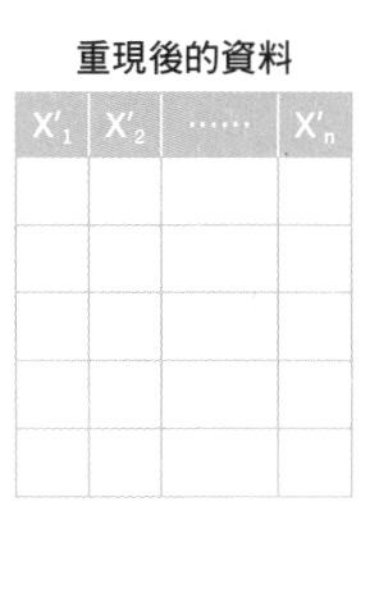

在異常偵測任務中大顯神威的自編碼器

自編碼器可以用來給資料降維，但它最能發揮實力的場景其實是異常偵測。由於正常情況下異常資料不會頻繁出現，所以要收集異常資料往往十分困難。而且若要用監督式學習預測異常資料，還必須網羅所有的異常模式。不過，如果用自編碼器進行異常偵測，就**只需要收集正常資料，不需要異常資料**。

這是為什麼呢？其實原理很簡單。首先，如同前述，我們只讓自編碼器學習正常資料，然後將想要從中偵測異常的資料輸入訓練好的模型，讓模型生成重現過的輸出資料。由於模型是用正常資料訓練的，所以只要輸入的是正常資料，模型就會**輸出幾乎與原始資料相同的資料**。相反地，如果輸入的是異常資料，因為模型沒有學習過異常數據的特徵，所以還是會輸出正常資料。換言之，只要檢查輸入資料和輸出資料的差異，如果差異大於一定數值，就可以認定輸入的資料存在異常。

另外，如果要用自編碼器做異常偵測，必須先將中間層的大小調整到較佳的偵測精度。

■用自編碼器做異常偵測

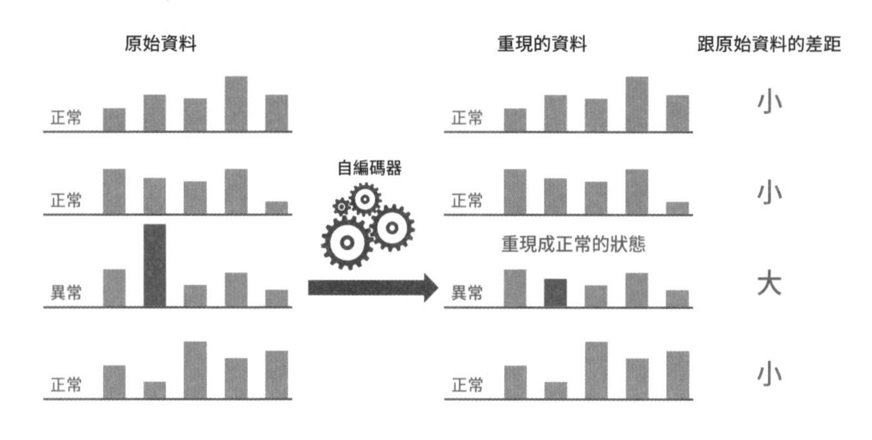

用自編碼器生成的虛擬資料

由於訓練好的神經網路具有在輸入數值後生成跟歷史資料相似之數值的特性，因此可以**輸入亂數來生虛擬資料**。除了可以生成列表資料外，這項技術也被用在圖像辨識等領域。

自編碼器的注意點

用自編碼器做降維的時候，要注意**降維後的資料是不可解釋的**。因此，自編碼器的降維比較適合用在提高監督式學習的精度，或當成分群結果的參考標準。

此外，用自編碼器做異常偵測時，雖然學習時不需要使用異常資料，但要注意**假如訓練資料中混入異常資料的話，反而會沒辦法偵測出異常**。

機器學習很怕疫情？

2019年末爆發新冠病毒最終演變成全球性的傳染病，一度讓各國企業政府改採遠距辦公，並限制人民在外用餐和旅遊，大幅改變了我們的生活形態和價值觀。為了因應上述變化，社會開始加速數位化轉型，對機器學習的前景也日益看好。然而與此同時，新冠疫情也帶來了很多無法預期的狀況。

雖然機器學習是為「預測」而打造的演算法，但終究只是學習過去的資料傾向進行預測，嚴格來說只是在「重現」歷史而已。比如以列表資料的處理為例，機器學習多被用來分析顧客的消費行為和預測需求，但使用新冠疫情爆發前的資料，根本不可能預測（重現）疫情爆發後會是什麼樣子。換言之，機器學習的有效性是以「穩定不變的世界」為前提。

儘管這次是因為新冠疫情的爆發，才凸顯了機器學習的弱點，但就算沒有這波疫情，實際上不論哪種機器學習方法都存在許多限制。

由於機器學習不會告訴我們「哪些情境下」該用「哪種方法」，所以目前的人類仍有很多工作要做。

總結

- 自編碼器是會壓縮資料後再復原的演算法。
- 可以使用自編碼器的中間層做資料降維。
- 自編碼器不需要用異常資料訓練也能偵測異常。

結語

AI的應用範疇正不斷擴大。如今AI已能夠判別不良品、偵測設備異常、預測匯率等，並成為聊天機器人，開始與人類對話。不僅如此，AI甚至能畫畫和演奏音樂，其進步已經達到難以區分AI作品和人類作品的程度。此外，AI在從事基於邏輯的大數據分析工作時也不會感到疲憊。

除此之外，AI也正在開始在那些方便的服務背後發揮作用。當你在網路搜尋結果中看到與自己興趣相關的廣告時，那個廣告說不定就是AI提議的。相信未來AI將融入日常生活，我們都將在不自覺的情況下使用著AI。在這樣的時代，我們該如何活下去呢？

AI似乎不擅長處理情感。在2022年，一位與聊天機器人「LaMDA」對話的工程師曾聲稱「聊天機器人終於有了情感」，但大多數人仍持懷疑態度。

毫無疑問，人類擁有情感，而且這些情感深深影響著人們的生活。這世上有些人喜歡挑戰從數據上看可說是自找死路的愚行，但多虧身邊的人給予支持，最終還是取得成功。也有些人不畏眾多失敗的前例，從少數的成功案例找到勇氣。相反地，AI是否能像某部電影中的小提琴手，在即將沉沒的鐵達尼號上主動演奏〈更近我主〉呢？

未來，人們可能會將分析數據的工作交給AI，投入更多時間去愛人、感恩人、陪伴人、與鼓勵人。「重要的東西是肉眼看不見的」。希望你通過本書了解AI後，也能因此去思考「什麼是人而為人的本質」和「如何活在這世上」的問題。

「世界上對愛和感恩的渴望比對麵包的渴望還多。」

德蕾莎修女

共同作者代表 小西功記

索引 Index

英數

1～5畫

6～10畫

11～15 畫

16～20畫

21畫以上

■ 作者介紹

高橋海渡（Takahashi Kaito）

第1、2章的主筆。曾在AI供應商從事新事業開發和研究機構的AI體驗講師。現為開發者，從事機器學習模型的製作和Web開發工作。

立川裕之（Tachikawa Hiroyuki）

第6章的主筆。獨立資料分析顧問。
曾任事業公司的法人銷售員和SaaS的商務主任，後參與籌劃了株式會社DataMix。以資料分析顧問和研修講師等身份參與過各種項目後獨立。現從事資料分析顧問、演算法開發、資料整備支援等工作。

小西功記（Konishi Kohki）

第4、5章的主筆。任職於株式會社Nikon先進技術開發本部數理技術研究所。
生於和歌山縣。曾在美國勞倫斯柏克萊國家實驗室等機構研究觀測宇宙學，並擔任過資料科學家。於東京大學理學系研究科專攻物理學，取得博士學位。後進入株式會社Nikon，自2015年起任AI（機器學習）工程師。主要研究最尖端的圖像分析技術發展，以及AI技術的社會應用。在國內外學會發表過多項專利。

小林寬子（Kobayashi Hiroko）

第3章主筆。任職於株式會社Nikon先進技術開發本部數理技術研究所。
生於東京都。進入株式會社Nikon時任職於經理部門，後為參與開發業務主動申請調職，現從事應用自然語言處理的市場分析和圖像辨識等技術的研究開發工作。JDLA G檢定2020年第二名，2020年度日本經濟產業省AI Quest修畢。

石井大輔（Ishii Daisuke）

第4章主筆。本書的企劃統籌者。株式會社Kiara代表取締役。
生於岡山縣。在京都大學主修數學，後進入伊藤忠商事，在歐洲開發新事業。2016年成立專攻AI和機器學習的研究社群「TeamAI」。通過1000次的讀書會聚集了1萬名會員。2019年針對外國市場推出可即時翻譯100國語言的Chatbot App「Kiara」。500 Startups Singapore（受日本經濟產業省JETRO補助）畢業生。著有《寫給想成為機器學習工程師的人——以AI為天職》（翔泳社）等書。
Twitter@ishiid HP:kiara.team, ishiid.com

■ 執筆協助

澤井悠　（第3章）
齋藤豪　（第3章）
信田萌伽（第4、5章）

日文版STAFF

■裝訂	井上新八
■本文設計	BUCH+
■本文插圖	さややん。／イラストAC
■負責編輯	宮崎主哉
■編輯／DTP	株式會社edipoch

完全圖解人工智慧

零基礎也OK！從NLP、圖像辨識到生成模型，現代人必修的53堂AI課

2024年1月1日初版第一刷發行
2024年4月22日初版第二刷發行

作　　者	高橋海渡、立川裕之、小西功記、小林寛子、石井大輔
譯　　者	陳識中
編　　輯	魏紫庭
封面設計	水青子
發 行 人	若森稔雄
發 行 所	台灣東販股份有限公司
	＜地址＞台北市南京東路4段130號2F-1
	＜電話＞(02)2577-8878
	＜傳真＞(02)2577-8896
	＜網址＞http://www.tohan.com.tw
郵撥帳號	1405049-4
法律顧問	蕭雄淋律師
總 經 銷	聯合發行股份有限公司
	＜電話＞(02)2917-8022

國家圖書館出版品預行編目資料

完全圖解人工智慧：零基礎也OK!從NLP、圖像辨識到生成模型，現代人必修的53堂AI課／高橋海渡、立川裕之、小西功記、小林寛子、石井大輔著；陳識中譯.-- 初版. -- 臺北市：臺灣東販, 2024.01
256面；14.8×21公分
ISBN 978-626-379-184-8（平裝）

1.CST：人工智慧 2.CST：機器學習

312.83　　112020790